manuales

CIENCIA Y TECNOLOGÍA

de la Universidad de Málaga

JUAN MIGUEL MORALES GONZÁLEZ
BENJAMÍN OLEA ANDRADES

UN ENFOQUE PRÁCTICO DEL ANÁLISIS VECTORIAL PARA INGENIEROS

EJERCICIOS EXPLICADOS DE FORMA SENCILLA

UNIVERSIDAD DE MÁLAGA
2024

Primera edición, segunda reimpresión: febrero 2024

© UMA Editorial. Universidad de Málaga
Bulevar Louis Pasteur, 30 (Campus de Teatinos)
29071 Málaga
www.umaeditorial.uma.es

Imagen de la cubierta: Los autores

Diseño de la colección: Tadigra
Maquetación: Los autores

ISBN: 978-84-1335-144-5
Depósito legal: MA 79-2022

Impresión: Podiprint
Impreso en España - Printed in Spain

Esta obra también está disponible en formato electrónico.

une
Unión de Editoriales Universitarias Españolas
Esta editorial es miembro de la UNE, lo que garantiza la difusion y comercialización de sus publicaciones a nivel nacional.

Índice

INTRODUCCIÓN

Este manual cubre la mayor parte del contenido que se imparte sobre Análisis Vectorial dentro de los grados de Ingeniería del sistema universitario español desde un punto de vista eminentemente práctico. Se trata de una compilación de ejercicios resueltos dirigida al alumnado que desee practicar y consolidar esta materia. Para sacar el máximo provecho de este manual, el estudiante debe poseer unos conocimientos mínimos sobre derivación, integración, curvas y superficies, ya que no se incluyen explicaciones teóricas ni teoremas. Sin embargo, se ha intentado dar las soluciones de los ejercicios propuestos con el máximo detalle posible, de forma que cada uno de ellos sea independiente de los demás. El lector interesado puede consultar cualquier manual de los que se incluyen en la bibliografía para resolver las posibles dudas teóricas que le surjan.

Los ejercicios están estructurados en diez capítulos. El primero está dedicado al análisis de curvas en el plano y en el espacio, mientras que el segundo pone el foco en superficies. Los cuatro capítulos siguientes versan sobre integración, empezando con las integrales de línea, siguiendo con las integrales dobles y triples para terminar, finalmente, con las integrales de superficie. Los Capítulos 8 y 9 recopilan ejercicios con los que el estudiante se puede entrenar en el uso de dos de los teoremas más importantes del Cálculo Vectorial, como son el Teorema de la Divergencia y el Teorema de Stokes. El Capítulo 9 es un tutorial básico sobre `WxMaxima` , un programa libre para de cáculo simbólico y numérico que es de gran utilidad en la resolución de problemas de Análisis Vectorial. El manual finaliza con un formulario en que se recogen, de manera escueta, las principales herramientas y expresiones matemáticaspara el cálculo vectorial que puede ser muy útil como o del proyecto de innovación educativa PIE17-025 de la Universidad de Málaga.

Todos los ejercicios recopilados en este material son de diferentes grados de dificultad y de producción propia, aunque también se incluyen algunos ejemplos clásicos o variantes de ellos. La mayoría de ellos han sido resueltos en las clases impartidas por los autores en los primeros cursos de los grados de Ingeniería. Ésta es la mejor forma para detectar los aspectos donde el alumnado presenta más dificultad a la hora de abordar su resolución, lo que ha facilitado a su vez la selección y elaboración de los ejercicios contenidos en este manual.

El germen inicial de este trabajo empezó a desarrollarse dentro del proyecto de innovación educativa PIE17-025 de la Universidad de Málaga.

Juan Miguel Morales González
Dpto. Matemática Aplicada
Universidad de Málaga
juan.morales@uma.es

Benjamín Olea Andrades
Dpto. Matemática Aplicada
Universidad de Málaga
benji@uma.es

1. CURVAS EN EL PLANO Y EN EL ESPACIO

1.1. CURVAS PARAMETRIZADAS

Ejercicio 1

Parametriza las siguientes curvas dadas en forma implícita.

a) $\begin{cases} x^2+y^2=1 \\ x^2+z^2=4 \\ z\leq 0 \end{cases}$ b) $\begin{cases} x^2+y^2=1 \\ z=2x+y \end{cases}$ c) $\begin{cases} z=x^2+y^2 \\ z=2x+y+1 \end{cases}$

Solución.

a) Como debe tenerse que $x^2+y^2=1$ ponemos $x(t)=\cos t$, $y(t)=\sin t$. Si sustituimos en la segunda ecuación y despejamos la z nos queda $z(t)=-\sqrt{4-\cos^2 t}$. Nótese que hemos tomado un signo negativo delante de la raíz porque $z\leq 0$. Por tanto, una parametrización es

$$\alpha(t)=\left(\cos t,\sin t,-\sqrt{4-\cos^2 t}\right)$$

con $t\in\mathbb{R}$.

b) Igual que antes ponemos $x(t)=\cos t$, $y(t)=\sin t$. Ahora sólo tenemos que sustituir en la segunda ecuación para obtener la parametrización

$$\alpha(t)=(\cos t,\sin t,2\cos t+\sin t)$$

con $t \in \mathbb{R}$.

c) Primero debemos eliminar z de las dos ecuaciones, obteniendo $x^2 + y^2 = 2x + y + 1$. Lo que hemos hecho es calcular la curva proyección en el plano XY. Para saber de qué curva se trata completamos cuadrados.

$$\begin{aligned} x^2 - 2x + y^2 - y &= 1, \\ x^2 - 2x + 1 + y^2 - 2\frac{1}{2}y + \frac{1}{4} &= \frac{9}{4}, \\ (x-1)^2 + \left(y - \frac{1}{2}\right)^2 &= \frac{9}{4}. \end{aligned}$$

Con lo cual tenemos una circunferencia de centro $\left(1, \frac{1}{2}\right)$ y radio $\frac{3}{2}$, la cual parametrizamos como

$$\begin{cases} x(t) = 1 + \frac{3}{2}\cos t \\ y(t) = \frac{1}{2} + \frac{3}{2}\sin t \end{cases}$$

Ahora, usando la segunda ecuación tenemos que

$$z(t) = 2\left(1 + \frac{3}{2}\cos t\right) + \frac{1}{2} + \frac{3}{2}\sin t + 1 = 3\cos t + \frac{3}{2}\sin t + \frac{7}{2}.$$

Por tanto, una parametrización es

$$\alpha(t) = \left(1 + \frac{3}{2}\cos t, \frac{1}{2} + \frac{3}{2}\sin t, 3\cos t + \frac{3}{2}\sin t + \frac{7}{2}\right)$$

para todo $t \in \mathbb{R}$.

Ejercicio 2

Comprueba que las curvas $\alpha(t) = (t, 1, t^2 - t)$ y $\beta(s) = (s-1, 1-s, 2s^2 - 4s + 2)$ se cortan en un punto. Calcula el ángulo de corte.

Solución.

Para que se corten un un punto necesariamente la segunda compomente de la curva β debe coincidir con la segunda componente de la curva α, es decir, $1 - s = 1$, de donde $s = 0$. Luego el punto donde se cortan tiene que ser necesariamente $\beta(0) = (-1, 1, 2)$. La curva α alcanza este punto para $t = -1$. Ahora tenemos que

$$\alpha'(-1) = (1, 0, -3),$$
$$\beta'(0) = (1, -1, -4)$$

con lo que el ángulo de corte de las dos curvas cumple

$$\cos\theta = \frac{\alpha'(-1) \cdot \beta(0)}{||\alpha'(-1)|| \cdot ||\beta(0)||} = \frac{13}{6\sqrt{5}},$$

con lo que $\theta = \arccos\left(\frac{13}{6\sqrt{5}}\right)$.

Ejercicio 3

Calcula los puntos singulares de la curva $\alpha(t) = (cos(t), t^2 - 1, t^3)$ y los puntos donde su velocidad es paralela al plano $y = z$.

Solución.
Tenemos que $\alpha'(t) = (-\sin t, 2t, 3t^2)$, con lo que el único punto singular se tiene para $t = 0$, es decir, $\alpha(0) = (1, -1, 0)$.

Como el vector normal del plano $y = z$ es $v = (0, 1, -1)$, para que el vector tangente sea paralelo al plano $y = z$ debe pasar que $\alpha'(t) \cdot v = 0$, es decir, $2t = 3t^2$. Las soluciones de esta ecuación son $t = 0$ y $t = \frac{2}{3}$. En el caso $t = 0$ tenemos el punto singular, luego el único punto con velocidad paralela al plano $y = z$ se alcanza para $t = \frac{2}{3}$, es decir, $\alpha\left(\frac{2}{3}\right) = \left(\cos\left(\frac{2}{3}\right), -\frac{5}{9}, \frac{8}{27}\right)$.

Ejercicio 4

Usa coordenadas polares para parametrizar las siguientes curvas.

a) $(x^2 + y^2)^p = x^2 - y^2$ con $p > 1$.
b) $4\sqrt{x^2 + y^2} - 4y^2 + 1 = (2x - 1)^2$

Solución.

a) Si llamamos

$$\begin{cases} x = r\cos t \\ y = r\sin t \end{cases}$$

y sustituimos en la ecuación de la curva nos queda

$$\begin{aligned} r^{2p} &= r^2(\cos^2 t - \sin^2 t), \\ r^{2p-2} &= \cos 2t. \end{aligned}$$

Por tanto, una parametrización es

$$\gamma(t) = \left((\cos 2t)^{\frac{1}{2p-2}} \cos t, (\cos 2t)^{\frac{1}{2p-2}} \sin t\right).$$

Como $p > 1$ es un número arbitrario, $\cos 2t$ debe ser positivo para poder calcular $(\cos 2t)^{\frac{1}{2p-2}}$, por lo tanto el parámetro t debe cumplir $-\frac{\pi}{4} \leq t \leq \frac{\pi}{4}$.

b) Antes de sustituir la coordenadas polares en la ecuación de la curva vamos a expandir el paréntesis para obtener expresiones del tipo $x^2 + y^2$.

$$\begin{aligned} 4\sqrt{x^2+y^2} - 4y^2 + 1 &= 4x^2 - 4x + 1, \\ \sqrt{x^2+y^2} &= x^2 + y^2 - x. \end{aligned}$$

Si sustituimos ahora tenemos

$$\begin{aligned} r &= r^2 - r\cos t, \\ r^2 &= r + r\cos t, \\ r &= 1 + \cos t. \end{aligned}$$

Por tanto, una parametrización es

$$\gamma(t) = ((1+\cos t)\cos t, (1+\cos t)\sin t),$$

con $0 \leq t \leq 2\pi$.

Ejercicio 5

Dada la curva

$$\begin{cases} x^2 + y^2 + z^2 = 1 \\ x + y = 1 \end{cases}$$

a) Da una parametrización.
b) Demuestra que es una circunferencia.
c) Calcula el valor de a para que el punto $\left(a, a, \frac{1}{\sqrt{2}}\right)$ esté sobre la curva y el valor del parámetro para el cual la curva pasa por ese punto.

Solución.

a) Vamos a eliminar la variable y, es decir, vamos a calcular la proyección de la curva sobre el plano XZ. Para ello, despejamos de la segunda ecuación y sustituimos en la primera.

$$\begin{aligned} x^2 + (1-x)^2 + z^2 &= 1, \\ 2x^2 - 2x + z^2 &= 0. \end{aligned}$$

Para saber de qué curva se trata, completamos cuadrados en la expresión anterior.

$$\begin{aligned} 2(x^2 - x) + z^2 &= 0 \\ 2\left(x^2 - 2\frac{1}{2}x + \frac{1}{4} - \frac{1}{4}\right) + z^2 &= 0 \\ 2\left(x - \frac{1}{2}\right)^2 + z^2 &= \frac{1}{2} \end{aligned}$$

Si multiplicamos por 2 toda la ecuación, metemos los coeficientes dentro de los cuadrados y los ponemos dividiendo nos queda

$$\left(\frac{x - \frac{1}{2}}{\frac{1}{2}}\right)^2 + \left(\frac{z}{\frac{1}{\sqrt{2}}}\right)^2 = 1.$$

Por tanto, la proyección de la curva sobre el plano XZ es una elipse de centro $\left(\frac{1}{2},0\right)$ y semiejes $\frac{1}{2}$ y $\frac{1}{\sqrt{2}}$, la cual se parametriza como

$$\begin{cases} x(t) = \frac{1}{2} + \frac{1}{2}\cos t \\ z(t) = \frac{1}{\sqrt{2}}\sin t \end{cases}$$

para $t \in \mathbb{R}$.

Por último, despejamos y de la segunda ecuación de la curva y nos queda $y(t) = 1 - \frac{1}{2} - \frac{1}{2}\cos t = \frac{1}{2} - \frac{1}{2}\cos t$, con lo que la curva se parametriza como

$$\gamma(t) = \left(\frac{1}{2} + \frac{1}{2}\cos t, \frac{1}{2} - \frac{1}{2}\cos t, \frac{1}{\sqrt{2}}\sin t\right)$$

para $t \in \mathbb{R}$.

b) Como una de las ecuaciones que define la curva es el plano $x+y=1$, se trata de una curva plana. Además, la parametrización anterior cumple la ecuación

$$\left(x - \frac{1}{2}\right)^2 + \left(y - \frac{1}{2}\right)^2 + z^2 = \frac{1}{2},$$

lo que quiere decir que la distancia de cualquier punto de la curva al punto $\left(\frac{1}{2},\frac{1}{2},0\right)$ es constante e igual a $\frac{1}{\sqrt{2}}$. Por tanto, se trata de una circunferencia de centro $\left(\frac{1}{2},\frac{1}{2},0\right)$ y radio $\frac{1}{\sqrt{2}}$.

Otra forma de comprobar que la curva es una circunferencia es demostrar que su curvatura es constante y su torsión es cero. Como hemos dicho antes, la curva está contenida en el plano $x+y=1$, por lo que su torsión es cero. Por otra parte, como

$$\gamma'(t) = \left(-\frac{\sin t}{2}, \frac{\sin t}{2}, \frac{\cos t}{\sqrt{2}}\right),$$
$$\gamma''(t) = \left(-\frac{\cos t}{2}, \frac{\cos t}{2}, -\frac{\sin t}{\sqrt{2}}\right)$$

tenemos que

$$\gamma'(t) \times \gamma''(t) = \begin{vmatrix} i & j & k \\ -\frac{\sin t}{2} & \frac{\sin t}{2} & \frac{\cos t}{\sqrt{2}} \\ -\frac{\cos t}{2} & \frac{\cos t}{2} & -\frac{\sin t}{\sqrt{2}} \end{vmatrix} = \left(-\frac{1}{\sqrt{2^3}}, -\frac{1}{\sqrt{2^3}}, 0\right).$$

Por tanto, como $||\gamma'(t)|| = \frac{1}{\sqrt{2}}$ y $||\gamma'(t) \times \gamma''(t)|| = \frac{1}{2}$, tenemos que la curvatura en un punto cualquiera $\gamma(t)$ de la curva es

$$K(t) = \frac{||\gamma'(t) \times \gamma''(t)||}{||\gamma'(t)||^3} = \sqrt{2}.$$

c) Para que el punto $\left(a, a, \frac{1}{\sqrt{2}}\right)$ esté en la curva debe cumplir las dos ecuaciones que la definen. Sustituyendo en la segunda nos queda que $a = \frac{1}{2}$. Un valor de t para el cual $\gamma(t) = \left(\frac{1}{2}, \frac{1}{2}, \frac{1}{\sqrt{2}}\right)$ es por ejemplo $t = \frac{\pi}{2}$.

1.2. LONGITUD

Ejercicio 1

Calcula la longitud de la curva $\alpha(t) = (t^2, \cosh t^2)$ para $0 \leq t \leq 2$.

Solución.
Tenemos que $\alpha'(t) = (2t, 2t \sinh t^2)$ y por tanto

$$||\alpha'(t)|| = \sqrt{4t^2 + 4t^2 \sinh^2 t^2} = 2t\sqrt{1 + \sinh t^2} = 2t \cosh t^2.$$

La longitud pedida es

$$\int_0^2 2t \cosh t^2 \, dt \underbrace{=}_{x=t^2} \int_0^4 \cosh x \, dx = \sinh 4.$$

También podríamos haber hecho el cambio $s = t^2$ para reparametrizar la curva y calcular la longitud de

$$\beta(s) = (s, \cosh s)$$

para $0 \leq s \leq 4$.

Ejercicio 2

Calcula la longitud del *astroide* $\alpha(t) = \left(\cos^3 t, \sin^3 t\right)$ para $0 \leq t \leq 2\pi$.

Solución.
Tenemos que $\alpha'(t) = \left(-3\cos^2 t \sin t, 3\sin^2 t \cos t\right)$, con lo que

$$||\alpha'(t)|| = \sqrt{9\cos^4 t \sin^2 t + 9\sin^4 t \cos^2 t} = 3\sqrt{\cos^2 t \sin^2 t \left(\cos^2 t + \sin^2 t\right)} = 3|\cos t||\sin t|.$$

La longitud pedida será entonces

$$3\int_0^{2\pi} |\cos t| \cdot |\sin t| dt = 12\int_0^{\frac{\pi}{2}} \cos t \sin t dt = 6\left[\sin^2 t\right]_0^{\frac{\pi}{2}} = 6.$$

Ejercicio 3

Dada la hélice $\gamma(t) = (\cos t, \sin t, t)$ con $0 \leq t \leq 2\pi$.

a) Calcula su longitud.
b) Calcula su masa sabiendo que la densidad lineal de un punto es proporcional a la distancia de ese punto al plano $x = 0$.

Solución.

a) Como $\gamma'(t) = (-\sin t, \cos t, 1)$ entonces $||\gamma'(t)|| = \sqrt{2}$ y la longitud de la curva es $\int_0^{2\pi} \sqrt{2} dt = 2\pi\sqrt{2}$.

b) Si tomamos un punto (x, y, z) cualquiera de la hélice, su distancia al plano $x = 0$ es justamente $|x|$, por lo que la función densidad será de la forma $\rho(x, y, z) = k|x|$ para cierta constante de proporcionalidad k. Para calcular la masa hacemos entonces

$$\int_0^{2\pi} \rho(\gamma(t))||\gamma'(t)||dt = k\sqrt{2}\int_0^{2\pi} |\cos t| dt = 4k\sqrt{2}\int_0^{\frac{\pi}{2}} \cos t dt = 4\sqrt{2}k,$$

donde $||\gamma'(t)||dt$ representa el diferencial de longitud de la hélice.

Ejercicio 4

Comprueba que si una curva viene dada en coordenadas polares por la ecuación $r = r(t)$ con $\theta_0 \leq t \leq \theta_1$, entonces su longitud viene dada por

$$\int_{\theta_0}^{\theta_1} \sqrt{r(t)^2 + r'(t)^2}dt.$$

Usa esta fórmula para calcular la longitud de la *cardiode*, que en coordenadas polares viene dada por $r(t) = 1 - \cos t$ con $t \in [0, 2\pi]$.

Solución.
Si una curva se escribe un coordenadas polares como $r = r(t)$, entonces usando el cambio

$$\begin{cases} x = r\cos t \\ y = r\sin t \end{cases}$$

podemos parametrizar la curva como $\alpha(t) = (r(t)\cos t, r(t)\sin t)$ con $\theta_0 \leq t \leq \theta_1$. Si calculamos su vector tangente, obtenemos

$$\alpha'(t) = (r'(t)\cos t - r(t)\sin t, r'(t)\sin t + r(t)\cos t)$$

Por tanto, su módulo es

$$\sqrt{(r'(t)\cos t - r(t)\sin t)^2 + (r'(t)\sin t + r(t)\cos t)^2} = \sqrt{r(t)^2 + r'(t)^2}$$

y su longitud será entonces $\int_{\theta_0}^{\theta_1} \sqrt{r(t)^2 + r'(t)^2}dt$.

Si usamos esta fórmula para calcular la longitud de la cardiode, nos queda

$$\int_0^{2\pi} \sqrt{(1 - \cos t)^2 + \sin^2 t}dt = \int_0^{2\pi} \sqrt{2 - 2\cos t}dt = \sqrt{2}\int_0^{2\pi} \sqrt{1 - \cos t}dt.$$

Para poder usar la fórmula trigonométrica $2\sin^2 s = 1 - \cos 2s$ hacemos un cambio de variable.

$$\sqrt{2}\int_0^{2\pi}\sqrt{1-\cos t}dt \underbrace{=}_{t=2s} 2\sqrt{2}\int_0^{\pi}\sqrt{1-\cos 2s}ds = 4\int_0^{\pi}|\sin s|ds$$
$$= 4\int_0^{\pi}\sin s ds = 8.$$

Ejercicio 5

Reparametriza la curva $\gamma(t) = \left(\frac{\sqrt{2}}{3}t^3, \frac{1}{2}t^2, \frac{1}{4}t^4\right)$, $0 \leq t$, por su longitud de arco.

Solución.
Como $\gamma'(t) = (\sqrt{2}t^2, t, t^3)$, tenemos que

$$L(t) = \int_0^t ||\gamma'(t)||dt = \int_0^t \sqrt{2t^4+t^2+t^6}dt = \int_0^t t\sqrt{2t^2+1+t^4}dt$$
$$= \int_0^t t\sqrt{(t^2+1)^2}dt = \int_0^t t(t^2+1)dt = \frac{1}{4}\Big[(1+t^2)^2\Big]_0^t = \frac{1}{4}\left((1+t^2)^2-1\right).$$

Ahora llamamos $s = \frac{1}{4}\left((1+t^2)^2-1\right)$ y despejamos t en función de s. Obtenemos $t = \sqrt{\sqrt{4s+1}-1}$ para $s \geq 0$, con lo que la reparametrización por la longitud de arco es

$$\beta(s) = \left(\frac{\sqrt{2}}{3}\left(\sqrt{\sqrt{4s+1}-1}\right)^3, \frac{1}{2}(\sqrt{4s+1}-1), \frac{1}{4}\left(\sqrt{4s+1}-1\right)^2\right)$$

con $0 \leq s$ (pues s toma el valor 0 para $t=0$).

Nótese que $L(t)$ puede interpretarse como la distancia que recorre una partícula puntual que se mueve de acuerdo con $\gamma(t)$ hasta un instante de tiempo cualquiera t. La velocidad instantánea de dicha partícula viene dada por $\gamma'(t)$.

Ejercicio 6

Considera la curva cuya ecuación en coordenadas polares es $\rho = \theta^2$.

a) Calcula la longitud desde $\theta = -\pi$ a $\theta = \pi$.
b) Calcula el ángulo que forma la curva anterior con la curva $\alpha(t) = \left(t^2, \frac{\pi^2}{4} + \sin t\right)$ en el punto $\left(0, \frac{\pi^2}{4}\right)$.

Solución.

a) La curva $\rho = \theta^2$ se parametriza como $\gamma(t) = (t^2 \cos t, t^2 \sin t)$ para $-\pi \leq t \leq \pi$, con lo que

$$\begin{aligned} \gamma'(t) &= \left(2t\cos t - t^2 \sin t, 2t \sin t + t^2 \cos t\right), \\ ||\gamma'(t)|| &= \sqrt{t^4 + 4t^2}. \end{aligned}$$

La longitud pedida será

$$\begin{aligned} \int_{-\pi}^{\pi} ||\gamma'(t)||dt = \int_{-\pi}^{\pi} |t|\sqrt{t^2+4}dt &= \int_0^{\pi} t\sqrt{t^2+4}dt + \int_{-\pi}^{0} -t\sqrt{t^2+4}dt \\ &= \left[\frac{1}{3}\left(t^2+4\right)^{\frac{3}{2}}\right]_0^{\pi} - \left[\frac{1}{3}\left(t^2+4\right)^{\frac{3}{2}}\right]_{-\pi}^{0} = \frac{2}{3}\left(\pi^2+4\right)^{\frac{3}{2}} - \frac{16}{3}. \end{aligned}$$

Enfatizamos que, en la anterior derivación, hemos utilizado que $\sqrt{t^2} = |t|$.

b) Tenemos que $\alpha(0) = \left(0, \frac{\pi^2}{4}\right)$ y $\alpha'(t) = (2t, \cos t)$, con lo que $\alpha'(0) = (0, 1)$. Por otro lado, $\gamma\left(\frac{\pi}{2}\right) = \left(0, \frac{\pi^2}{4}\right)$ y $\gamma'\left(\frac{\pi}{2}\right) = \left(-\frac{\pi^2}{4}, \pi\right)$. Por tanto, el ángulo θ que forman las dos curvas en el punto $\left(0, \frac{\pi^2}{4}\right)$ cumple

$$\cos\theta = \frac{\gamma'\left(\frac{\pi}{2}\right) \cdot \alpha'(0)}{||\gamma'\left(\frac{\pi}{2}\right)|| \cdot ||\alpha'(0)||} = \frac{\pi}{\sqrt{\frac{\pi^4}{16} + \pi^2}} = \frac{1}{\sqrt{\frac{\pi^2}{16} + 1}},$$

por lo que $\theta \approx 38.15°$.

Ejercicio 7

Calcula la longitud de la curva

$$\Gamma \equiv \begin{cases} z = x^2 + y \\ z = 2y + 1 \end{cases}$$

entre los puntos $(0, -1, -1)$ y $(3, 8, 17)$.

Solución.
Primero parametrizamos la curva. Si llamamos $t = x$ entonces nos queda $z = t^2 + y$. Si eliminamos la z usando la $z = 2y + 1$ entonces obtenemos que

$$\begin{aligned} t^2 + y &= 2y + 1 \\ y &= t^2 - 1 \end{aligned}$$

Por último, usando por ejemplo la segunda ecuación que define la curva tenemos que $z = 2(t^2 - 1) + 1 = 2t^2 - 1$. Por tanto, una parametrización de la curva es

$$\gamma(t) = \big(t, t^2 - 1, 2t^2 - 1\big)$$

con $t \in \mathbb{R}$. Está claro que los puntos que nos indican se obtienen cuando $t = 0$ y $t = 3$. Luego la longitud pedida es

$$\begin{aligned} \int_0^3 ||\gamma'(t)||dt = \int_0^3 \sqrt{1 + 20t^2}dt \overbrace{=}^{\sqrt{20}t=\sinh s} \frac{1}{\sqrt{20}} \int_0^{\operatorname{asinh}(3\sqrt{20})} \sqrt{1 + \sinh^2 s} \cosh s\, ds \\ = \frac{1}{\sqrt{20}} \int_0^{\operatorname{asinh}(3\sqrt{20})} \cosh^2 s\, ds = \frac{1}{\sqrt{20}} \int_0^{\operatorname{asinh}(3\sqrt{20})} \frac{1 + \cosh 2s}{2} ds \\ = \frac{1}{\sqrt{20}} \left[\frac{s}{2} + \frac{\sinh 2s}{4} \right]_0^{(\operatorname{asinh} 3\sqrt{20})} = \frac{1}{\sqrt{20}} \left(\frac{\operatorname{asinh}(3\sqrt{20})}{2} + \frac{\sinh\left(2 \operatorname{asinh}(3\sqrt{20})\right)}{4} \right). \end{aligned}$$

1.3. CURVATURA Y TORSIÓN

Ejercicio 1

Dada la curva

$$\begin{cases} z = x^2 + (y-2)^2 - 3 \\ z = 2x \end{cases}$$

a) Calcula los puntos donde la recta tangente es paralela al plano XY.
b) Calcula el triedro de Frenet en el punto $(3, 2, 6)$.
c) Calcula el punto de corte del plano osculador en el punto $(3, 2, 6)$ con el eje Z.
d) Calcula la curvatura en el punto $(3, 2, 6)$.
e) Calcula su torsión en un punto arbitrario.

Solución.

a) Primero hemos de parametrizar la curva, que, obsérvese, viene dada por la intersección de un paraboloide con un plano. Para ello, eliminamos z de las dos ecuaciones que la definen y nos queda $2x = x^2 + (y-2)^2 - 3$. Vamos a completar cuadrados.

$$\begin{aligned} x^2 - 2x + 1 + (y-2)^2 &= 4, \\ (x-1)^2 + (y-2)^2 &= 4, \end{aligned}$$

con lo que la proyección de la curva sobre el plano XY es una circunferencia de radio 2 y centro $(1, 2)$. Ha de sernos fácil parametrizar dicha circunferencia como

$$\begin{cases} x(t) = 1 + 2\cos t \\ y(t) = 2 + 2\sin t \end{cases}$$

para $t \in \mathbb{R}$, así que, para terminar de parametrizar la curva orginal, basta con determinar su coordenada z. Para ello, podemos hacer uso de cualquiera de las dos ecuaciones que la definen, si bien lo lógico es emplear la que menos nos complica la vida, esto es,

$$z = 2x = 2(1 + 2\cos t).$$

Por tanto, la curva queda finalmente parametrizada como

$$\begin{cases} x(t) = 1 + 2\cos t \\ y(t) = 2 + 2\sin t \\ z(t) = 2(1 + 2\cos t) \end{cases}$$

para $t \in \mathbb{R}$.

Si ahora derivamos $\gamma(t) = (1 + 2\cos t, 2 + 2\sin t, 2(1 + 2\cos t)$ tenemos que el vector tangente a la curva es

$$\gamma'(t) = (-2\sin t, 2\cos t, -4\sin t)\,.$$

Para que el vector tangente sea paralelo al plano XY debe pasar que $\gamma'(t)$ sea ortogonal al vector $(0, 0, 1)$, es decir, $4\sin t = 0$. La solución de esta ecuación es $t = \pi k$ con $k \in \mathbb{Z}$. Si sustituimos en la curva, nos queda que esto pasa en los puntos $(3, 2, 6)$ y $(-1, 2, -2)$.

b) Tenemos que

$$\begin{aligned} \gamma'(t) &= (-2\sin t, 2\cos t, -4\sin t)\,, \\ \gamma''(t) &= (-2\cos t, -2\sin t, -4\cos t)\,. \end{aligned}$$

Como $\gamma(0) = (3, 2, 6)$, tenemos que usar los vectores

$$\begin{aligned} \gamma'(0) &= (0, 2, 0), \\ \gamma''(0) &= (-2, 0, -4). \end{aligned}$$

Como

$$\gamma'(0) \times \gamma''(0) = \begin{vmatrix} i & j & k \\ 0 & 2 & 0 \\ -2 & 0 & -4 \end{vmatrix} = -8i + 4k$$

tenemos que el triedro de Frenet en el punto $\gamma(0)$ es

$$\begin{aligned} t(0) &= \frac{\gamma'(0)}{||\gamma'(0)||} = (0,1,0), \\ b(0) &= \frac{\gamma'(0)\times\gamma''(0)}{||\gamma'(0)\times\gamma''(0)||} = \left(-\frac{2}{\sqrt{5}}, 0, \frac{1}{\sqrt{5}}\right), \\ n(0) &= b(0)\times t(0) = \begin{vmatrix} i & j & k \\ -\frac{2}{\sqrt{5}} & 0 & \frac{1}{\sqrt{5}} \\ 0 & 1 & 0 \end{vmatrix} = \left(-\frac{1}{\sqrt{5}}, 0, -\frac{2}{\sqrt{5}}\right). \end{aligned}$$

c) Los vectores directores del plano osculador son $\gamma'(0)$ y $\gamma''(0)$. Por tanto su ecuación es

$$\begin{vmatrix} x-3 & y-2 & z-6 \\ 0 & 2 & 0 \\ -2 & 0 & -4 \end{vmatrix} = 0; \quad 2x - z = 0,$$

que corta al eje Z en el punto $(0,0,0)$.

d) La curvatura en el punto pedido es

$$K = \frac{||\gamma'(0)\times\gamma''(0)||}{||\gamma'(0)||^3} = \frac{\sqrt{80}}{2^3} = \frac{\sqrt{5}}{2}.$$

e) Como la curva está contenida en el plano $z = 2x$ (el propio enunciado lo dice), su torsión es constantemente cero.

Ejercicio 2

Dada la curva $\alpha(t) = (t^3 - t^2, t^4 - t, t^3)$.

a) Calcula los puntos de torsión cero.
b) Calcula los puntos donde el plano osculador es paralelo al plano $x+z = 0$.

Solución.

a) Derivamos tres veces y nos queda

$$\alpha'(t) = \left(3t^2 - 2t, 4t^3 - 1, 3t^2\right),$$
$$\alpha''(t) = \left(6t - 2, 12t^2, 6t\right),$$
$$\alpha'''(t) = (6, 24t, 6).$$

Como la torsión es

$$\tau(t) = \frac{det(\alpha'(t), \alpha''(t), \alpha'''(t))}{||\alpha'(t) \times \alpha''(t)||},$$

bastará con calcular los puntos con $det(\alpha'(t), \alpha''(t), \alpha'''(t)) = 0$. Pero

$$\begin{vmatrix} 3t^2 - 2t & 4t^3 - 1 & 3t^2 \\ 6t - 2 & 12t^2 & 6t \\ 6 & 24t & 6 \end{vmatrix} = 48t^3 - 12,$$

con lo que el único punto con torsión cero se alcanza para el valor del parámetro $t = \frac{1}{\sqrt[3]{4}}$.

b) El vector binormal $b(t) = \frac{\alpha'(t)\times\alpha''(t)}{||\alpha'(t)\times\alpha''(t)||}$ es perpendicular al plano osculador. Como el vector $v = (1, 0, 1)$ es perpendicular al plano $x + z = 0$, bastará calcular los valores del parámetro de forma que $b(t) \cdot v = 0$. Para ello, a su vez, bastará calcular el valor de t de forma que $\alpha'(t) \times \alpha''(t) \cdot v = det(\alpha'(t), \alpha''(t), v) = 0$. Como

$$\begin{vmatrix} 3t^2 - 2t & 4t^3 - 1 & 3t^2 \\ 6t - 2 & 12t^2 & 6t \\ 1 & 0 & 1 \end{vmatrix} = -16t^3 - 2$$

lo anterior pasará para $t = -\frac{1}{2}$.

Ejercicio 3

Dada la curva $\gamma(t) = (t^3 - t^2, 2t^3 + t^2, t^3)$ calcula la torsión y la ecuación del plano osculador en cualquier punto.

Solución.
Si llamamos $x = t^3 - t^2$, $y = 2t^3 + t^2$ y $z = t^3$ podemos comprobar fácilmente que se cumple $x + y - 3z = 0$, es decir, la curva está contenida en este plano. Por tanto,

la torsión será cero en cualquier punto y el plano osculador será precisamente el plano anterior también en cualquier punto.

Si no nos damos cuenta de lo anterior, podemos calcular directamente la torsión. Como

$$\gamma'(t) = \left(3t^2 - 2t, 6t^2 + 2t, 3t^2\right),$$
$$\gamma''(t) = (6t - 2, 12t + 2, 6t),$$
$$\gamma'''(t) = (6, 12, 6)$$

entonces

$$det(\gamma'(t), \gamma''(t), \gamma'''(t)) = \begin{vmatrix} 3t^2 - 2t & 6t^2 + 2t & 3t^2 \\ 6t - 2 & 12t + 2 & 6t \\ 6 & 12 & 6 \end{vmatrix} = 0,$$

por lo que la torsión es cero. Calculamos el plano osculador en un punto cualquiera, ya que al tener torsión cero el plano osculador será el mismo en todos los puntos. Por ejemplo, para $t = 1$ ($t = 0$ no nos vale porque es un punto singular, $\gamma'(0) = (0, 0, 0)$) tenemos que

$$\gamma'(1) = (1, 8, 3),$$
$$\gamma''(1) = (4, 14, 6)$$

por lo que

$$\gamma'(1) \times \gamma''(1) = \begin{vmatrix} i & j & k \\ 1 & 8 & 3 \\ 4 & 14 & 6 \end{vmatrix} = (6, 6, -18).$$

Para calcular el plano osculador calculamos el plano que pasa por el punto $\gamma(1) = (0, 3, 1)$ y tiene como vector normal a $(6, 6, -18)$, o simplificando, a $(1, 1, -3)$. Este plano es $x + (y - 3) - 3(z - 1) = 0$, es decir, $x + y - 3z = 0$.

1.4. EJEMPLOS DE CURVAS PLANAS

Las constantes a, b y R en los siguientes ejemplos de curvas se suponen siempre positivas.

- **Circunferencia de centro (x_0, y_0) y radio R.**
  Ecuación:

$$(x - x_0)^2 + (y - y_0)^2 = R^2.$$

  Parametrización:

$$\alpha(t) = (x_0 + R\cos t, y_0 + R\sin t) \text{ con } t \in \mathbb{R}.$$

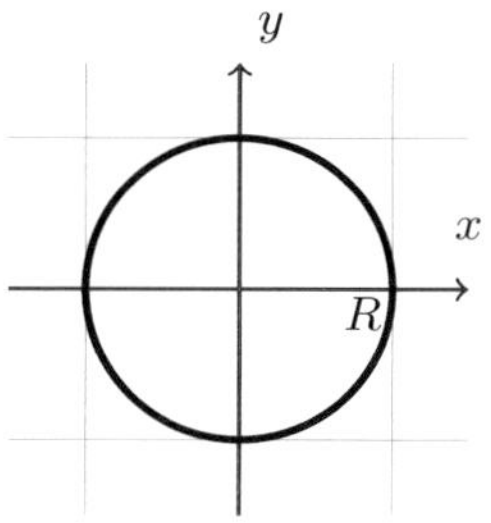

- **Elipse de centro (x_0, y_0) y semiejes a y b.**
  Ecuación:

$$\frac{(x - x_0)^2}{a^2} + \frac{(y - y_0)^2}{b^2} = 1.$$

  Parametrización:

$$\alpha(t) = (x_0 + a\cos t, y_0 + b\sin t) \text{ con } t \in \mathbb{R}.$$

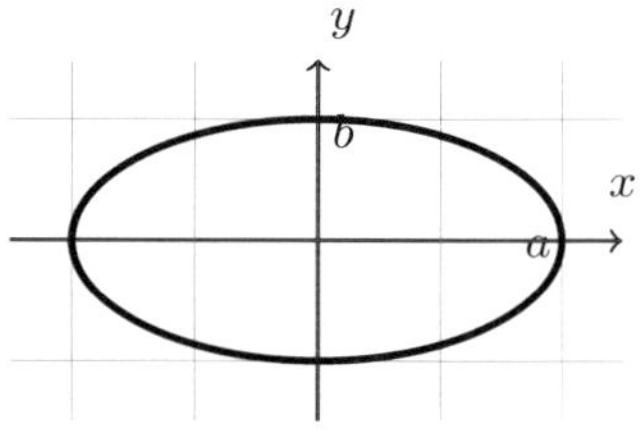

- **Hipérbola de centro (x_0, y_0) y semiejes a y b.**
  Ecuación:

$$\frac{(x - x_0)^2}{a^2} - \frac{(y - y_0)^2}{b^2} = 1.$$

  Parametrización rama derecha:

$$\alpha(t) = (x_0 + a\cosh t, y_0 + b\sinh t) \text{ con } t \in \mathbb{R}.$$

  Parametrización rama izquierda:

$$\beta(t) = (x_0 - a\cosh t, y_0 + b\sinh t) \text{ con } t \in \mathbb{R}.$$

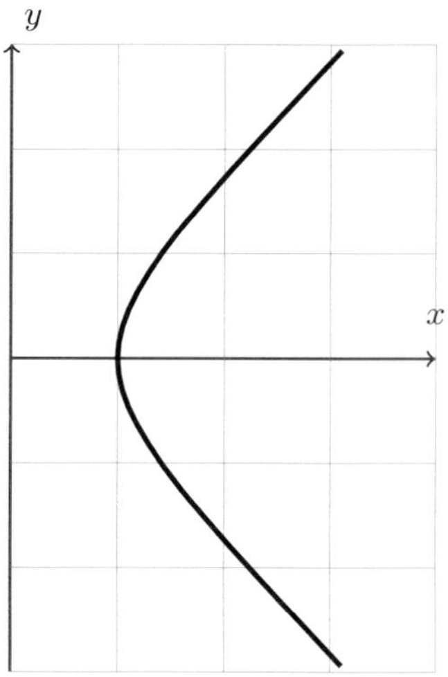

- **Cicloide.**
  Ecuación:

$$\cos\left(\frac{x + \sqrt{2ay - y^2}}{a}\right) = 1 - \frac{y}{a}$$

  Parametrización:

$$\alpha(t) = (a(t - \sin t), a(1 - \cos t)) \text{ con } t \in \mathbb{R}.$$

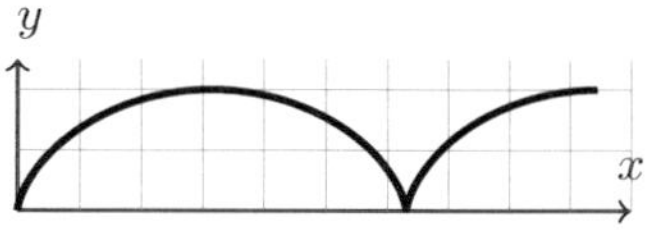

- **Caracol de Pascal.**

  Ecuación en coordenadas polares:

$$r = a + b\cos\theta$$

  Parametrización:

$$\alpha(t) = ((a + b\cos t)\cos t, (a + b\cos t)\sin t) \ \text{ con } t \in \mathbb{R}.$$

  En el caso $a = b$ obtenemos la curva llamada cardiode.

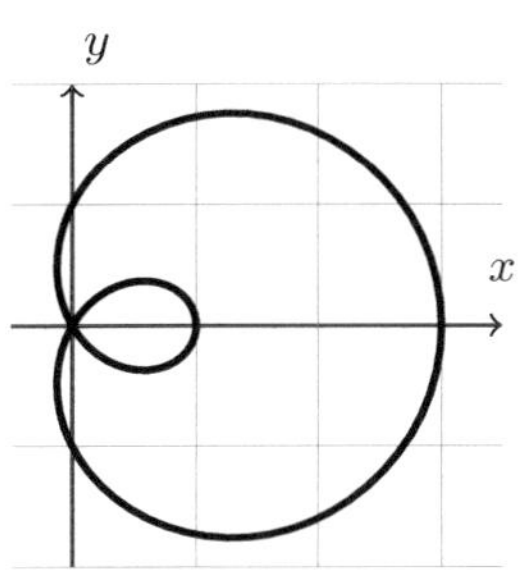

$a < b$

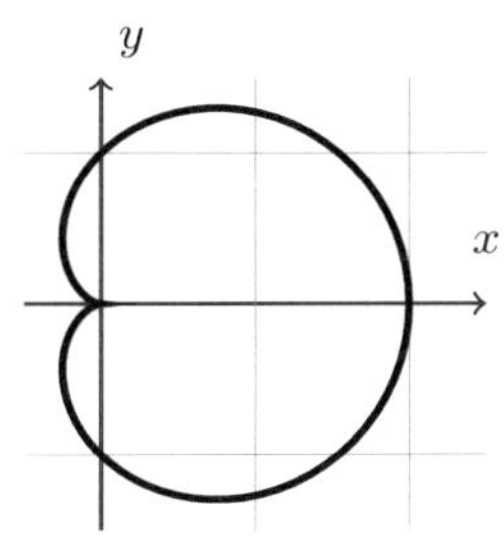

$a = b$

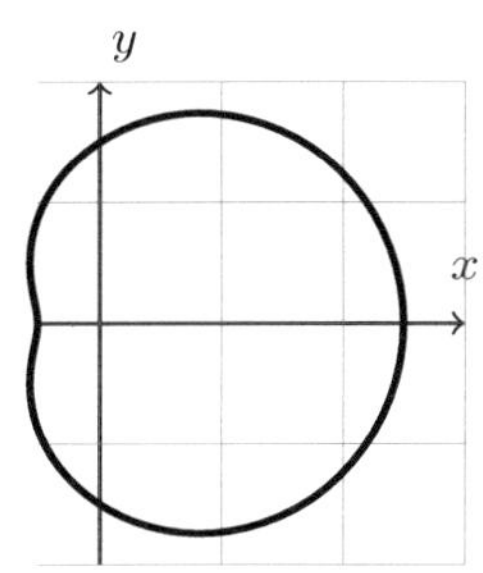

$a > b$

- **Rosa polar.**
  Ecuación en coordenadas polares:

$$r = a\cos b\theta$$

  con $b \in \mathbb{N}$. Si b es par, entonces tiene $2b$ pétalos y si b es impar, entonces tiene b pétalos.

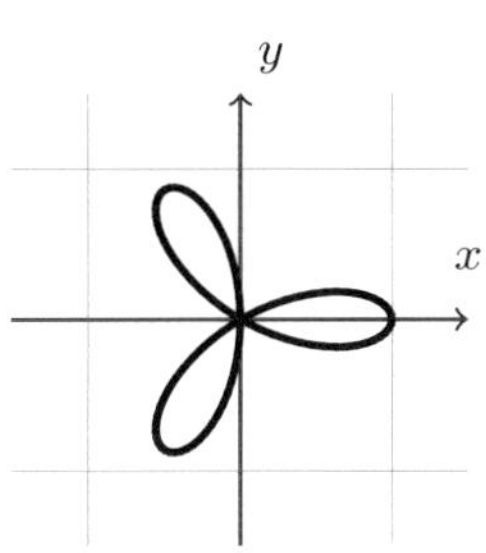

  Parametrización:

$$\alpha(t) = (a\cos(bt)\cos t, a\cos(bt)\sin t)) \ \text{ con } t \in \mathbb{R}.$$

- **Astroide.**
  Ecuación:

$$x^{\frac{2}{3}} + y^{\frac{2}{3}} = a^{\frac{2}{3}}$$

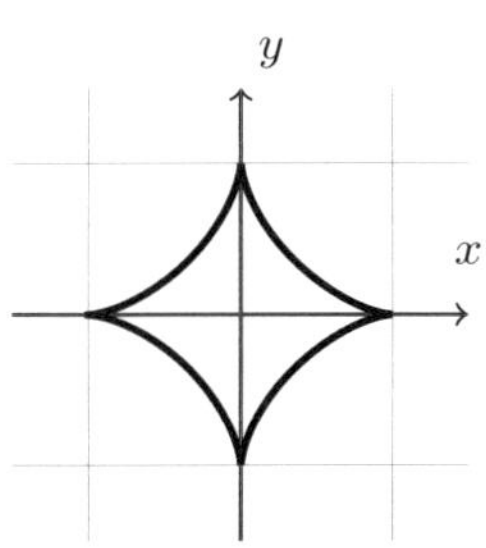

  Parametrización:

$$\alpha(t) = \left(a\cos^3 t, a\sin^3 t\right) \ \text{ con } t \in \mathbb{R}.$$

- **Espiral logarítmica.**
  Ecuación polar:

$$r = ab^{\theta}$$

  Parametrización:

$$\alpha(t) = \big(ab^t \cos t, ab^t \sin t\big) \text{ con } t \in \mathbb{R}.$$

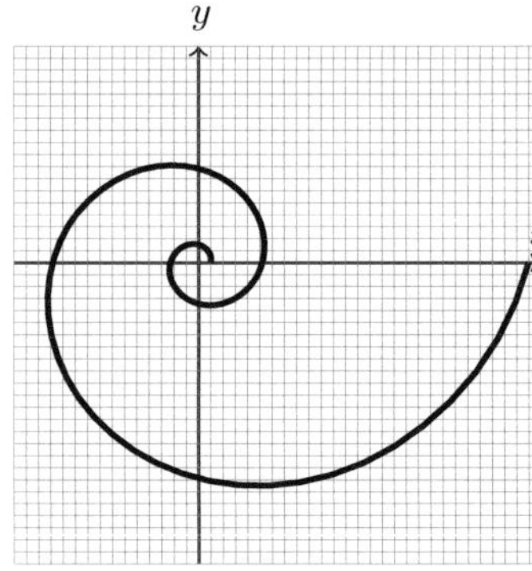

- **Espiral de Arquímedes.**
  Ecuación polar:

$$r = a\theta + b$$

  Parametrización:

$$\alpha(t) = ((at + b)\cos t, (at + b)\sin t)$$
  con $t \in \mathbb{R}$.

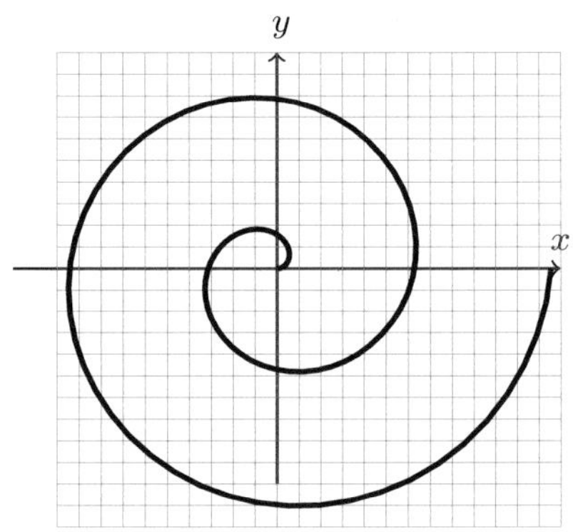

- **Lemniscata de Bernoulli.**
  Ecuación:

$$(x^2 + y^2)^2 = 2a^2(x^2 - y^2)$$

  Parametrización de la rama derecha:

$$\alpha(t) = \left(\sqrt{\cos(2t)}\cos t, \sqrt{\cos(2t)}\sin t\right)$$
  con $-\dfrac{\pi}{4} \leq t \leq \dfrac{\pi}{4}$.

  Parametrización completa:

$$\beta(t) = \left(\frac{\cos t}{1 + \sin^2 t}, \frac{\sin t \cos t}{1 + \sin^2 t}\right)$$
  con $t \in \mathbb{R}$.

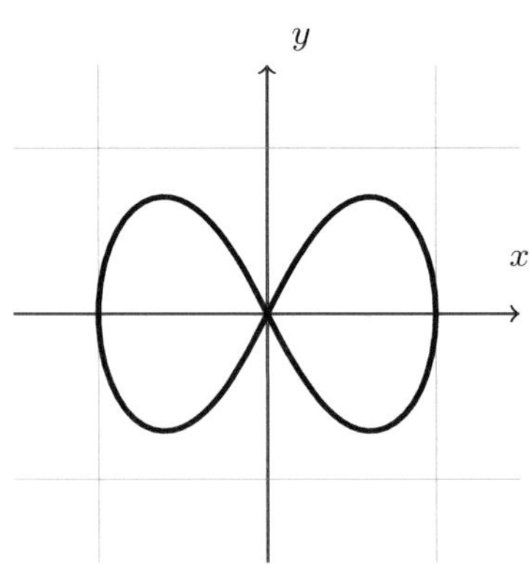

- **Catenaria.**
  Ecuación:

$$y = a\cosh(bx)$$

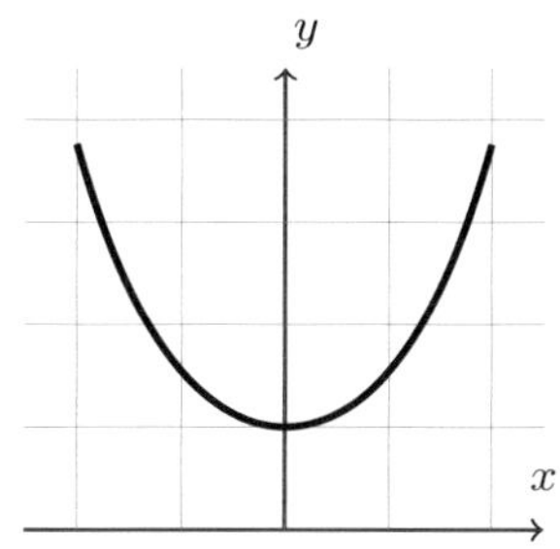

Parametrización:

$$\alpha(t) = (t, a\cosh(bt)) \text{ con } t \in \mathbb{R}.$$

Esta curva es la forma que adopta una cuerda sujeta por sus extremos.

- **Folium de Descartes.**
  Ecuación:

$$x^3 + y^3 = axy$$

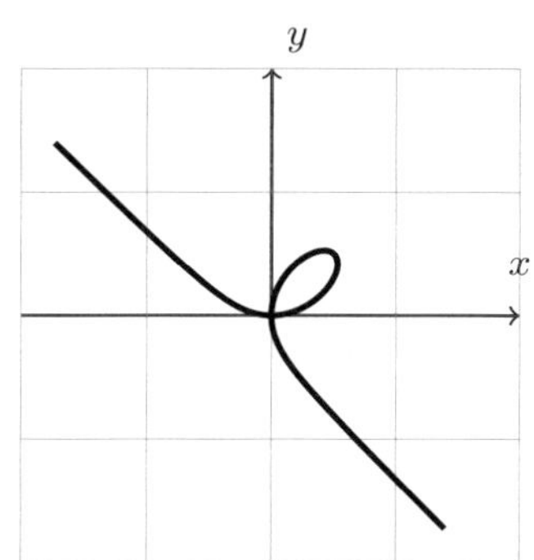

Ecuación en coordenadas polares:

$$r = a\frac{cos\theta \sin\theta}{\cos^3\theta + \sin^3\theta}$$

Parametrización:

$$\alpha(t) = \left(a\frac{cos^2 t \sin t}{\cos^3 t + \sin^3 t}, a\frac{cos t \sin^2 t}{\cos^3 t + \sin^3 t}\right)$$

$$\text{con } -\frac{\pi}{4} < t < \frac{3\pi}{4}.$$

La recta $x + y = \frac{a}{3}$ es una asíntota de la curva.

- **Cocleoide.**
  Ecuación en coordenadas polares:

$$r = a\frac{sin\theta}{\theta}$$

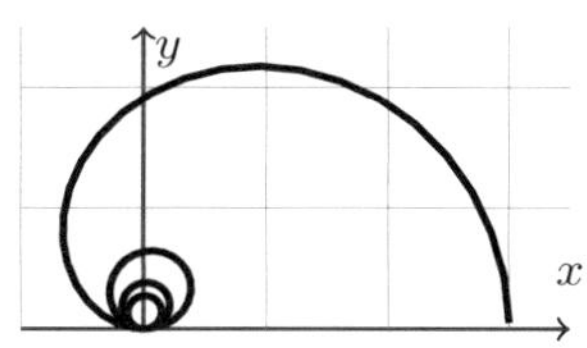

Parametrización:

$$\alpha(t) = \left(\frac{a\sin t\cos t}{t}, \frac{a\sin^2 t}{t}\right) \text{ con } 0 < t.$$

2. SUPERFICIES

2.1. PARAMETRIZACIONES, PLANO TANGENTE Y CAMPO NORMAL

Ejercicio 1

Dada la curva $\gamma(t) = (1 + t^2, t, e^t - t)$ comprueba si es tangente en el punto $\gamma(0)$ a cada una de estas superficies.

- S_1 parametrizada por $X(u, v) = (u \cos v, u^2 \sin v, \cos v)$.
- S_2 cuya ecuación cartesiana es $x^2 + \cos y - z^2 = 1$.

Solución.
Para que la curva γ sea tangente en el punto $\gamma(0) = (1, 0, 1)$ a una superficie debe pasar dos cosas: que el punto $\gamma(0)$ esté en la superficie y que $\gamma'(0)$ sea ortogonal al vector normal a la superficie en el punto $\gamma(0)$. Como $\gamma'(t) = (2t, 1, e^t - 1)$, tenemos que $\gamma'(0) = (0, 1, 0)$.

Por otro lado, tenemos que $X(1, 0) = (1, 0, 1)$, por lo que el punto $\gamma(0)$ está en la superficie S_1. Para calcular el vector normal, primero calculamos los vectores tangentes.

$$\begin{aligned} X_u(u, v) &= (\cos v, 2u \sin v, 0), \\ X_v(u, v) &= \left(-u \sin v, u^2 \cos v, -\sin v\right). \end{aligned}$$

Si evaluamos para $u = 1$ y $v = 0$ (esto es, para los valores de los parámetros que nos llevan al punto $(1, 0, 1)$ en la superficie S_1), nos queda

$$\begin{aligned} X_u(1, 0) &= (1, 0, 0), \\ X_v(1, 0) &= (0, 1, 0), \end{aligned}$$

por lo que un vector normal a la superficie en el punto $X(1,0)$ es $X_u(1,0) \times X_v(1,0) = (0,0,1)$. Como este vector es perpendicular a $\gamma'(0)$, tenemos que γ es tangente a S_1 en el punto $\gamma(0)$.

El punto $\gamma(0) = (1,0,1)$ está en la superficie S_2 porque cumple la ecuación cartesiana. El vector normal lo podemos calcular con el gradiente de la función $f(x,y,z) = x^2 + \cos y - z^2$ y nos da $(2x, -\sin y, -2z)$. Si evaluamos en el punto $(1,0,1)$ nos queda el vector $(2,0,-2)$ que es perpendicular a $\gamma'(0)$, por lo que la curva γ también es tangente a S_2 en el punto $\gamma(0)$.

Ejercicio 2

Considera la superficie

$$x^2 + yz + z^2 + e^{x-y-z} = 2.$$

a) Calcula la ecuación del plano tangente en el punto $(1,1,0)$.
b) Calcula el ángulo que forma la curva $\gamma(t) = (\cos t, 1+t^2, t\cos t)$ con la superficie anterior en el punto $(1,1,0)$.

Solución.

a) Como la superficie viene dada de forma implícita, el vector normal (no necesariamente unitario) se puede obtener como el vector gradiente del campo escalar $f(x,y,z) = x^2 + yz + z^2 + e^{x-y-z} - 2$, esto es,

$$\vec{N}(x,y,z) = \nabla f(x,y,z) = \left(2x + e^{x-y-z}, z - e^{x-y-z}, y + 2z - e^{x-y-z}\right).$$

En particular, en el punto $(1,1,0)$ tenemos que un vector normal es

$$\vec{N}(1,1,0) = (3,-1,0) = \vec{n},$$

por lo que la ecuación del plano tangente es

$$\vec{n} \cdot (x-1, y-1, z) = 0,$$

que resulta en la siguiente ecuación cartesiana:

$$\begin{aligned} 3(x-1)-(y-1) &= 0, \\ 3x-y &= 2. \end{aligned}$$

b) Tenemos que el punto (1,1,0) en la curva se correponde con el valor 0 de su parámetro t, es decir, $\gamma(0)=(1,1,0)$. Como $\gamma'(t)=(-\sin t, 2t, \cos t - t\sin t)$, el vector tangente a la curva en dicho punto viene dado por $\gamma'(0)=(0,0,1)$. Ahora calculamos el ángulo que forma $\gamma'(0)$ con $\vec{n}$.

$$\cos\theta = \frac{|\gamma'(0)\cdot\vec{n}|}{||\gamma'(0)||\cdot||\vec{n}||} = 0.$$

Por tanto, el ángulo que forma $\gamma'(0)$ y $\vec{n}$ es $\frac{\pi}{2}$ y el ángulo que forma la curva y la superficie es 0, es decir, es tangente a la superficie.

Ejercicio 3

Dadas las superficies $S_1 : z = x^2 - 2x + y^2$ y $S_2 : z = 2x$ considera $\mathcal{C}$ la curva intersección de ambas superficies.

a) Calcula el ángulo que forman el vector normal a S_1 y el vector normal a $\mathcal{C}$ en el punto $(4,0,8)$.
b) Calcula la recta intersección del plano tangente a S_1 y el plano rectificante a $\mathcal{C}$ en el punto $(4,0,8)$.

Solución.

a) Primer vamos a parametrizar $\mathcal{C}$. Para ello, eliminamos una variable, por ejemplo z, de las ecuaciones de S_1 y S_2, y nos queda $x^2-4x-y^2=0$. Completamos cuadrados en esta expresión.

$$\begin{aligned} x^2-4x-y^2 &= 0, \\ x^2-4x+4-y^2 &= 4, \\ (x-2)^2-y^2 &= 4. \end{aligned}$$

Por tanto, la proyección de la curva $\mathcal{C}$ sobre el plano XY se trata de una hipérbola y la curva se puede parametrizar como

$$\gamma(t) = (2 + 2\cosh t, 2\sinh t, 2(2 + 2\cosh t)),$$

con $t \in \mathbb{R}$. Nótese que la expresión parametrizada de la coordenada z de la curva se puede obtener a través de cualquiera de las ecuaciones de las superficies S_1 y S_2 cuya intersección da lugar a la curva (en particular, de la ecuación $z = 2x$ que define el plano S_2).

El punto $(4, 0, 8)$ se obtiene para el valor del parámetro $t = 0$, es decir, $\gamma(0) = (4, 0, 8)$. Derivando tenemos que

$$\begin{aligned}\gamma'(t) &= (2\sinh t, 2\cosh t, 4\sinh t), \\ \gamma''(t) &= (2\cosh t, 2\sinh t, 4\cosh t),\end{aligned}$$

por lo que $\gamma'(0) = (0, 2, 0)$ y $\gamma''(0) = (2, 0, 4)$. El vector tangente unitario es $\vec{t}(0) = \frac{\gamma'(0)}{||\gamma'(0)||} = (0, 1, 0)$, el binormal es $\vec{b}(0) = \frac{\gamma'(0)\times\gamma''(0)}{||\gamma'(0)\times\gamma''(0)||} = \left(\frac{2}{\sqrt{5}}, 0, -\frac{1}{\sqrt{5}}\right)$ y el vector normal a la curva es

$$\vec{n}(0) = \vec{b}(0) \times \vec{t}(0) = \left(\frac{1}{\sqrt{5}}, 0, \frac{2}{\sqrt{5}}\right).$$

Ahora calculamos el vector normal a la superficie S_1. Como esta superficie viene expresada como la gráfica de la función $f(x, y) = x^2 - 2x - y^2$, un vector normal (no necesariamente unitario) es

$$\vec{N}(x, y, z) = \left(\frac{\partial f(x, y)}{\partial x}, \frac{\partial f(x, y)}{\partial y}, -1\right) = (2x - 2, -2y^2, -1).$$

El normal en el punto $(4, 0, 8)$ es $\vec{N}(4, 0, 8) = (6, 0, -1) = \vec{\nu}$ y el ángulo θ pedido cumplirá que

$$\cos\theta = \frac{\vec{n}(0)\cdot\vec{\nu}}{||\vec{n}(0)||\ ||\vec{\nu}||} = \frac{4}{\sqrt{5}\sqrt{37}}$$

con lo que $\theta \approx 72.9°$.

b) Como el vector $\vec{\nu} = (6, 0, -1)$ es normal a la superficie S_1 en el punto $(4, 0, 8)$, entonces el plano tangente viene dado por $6(x - 4) - (z - 8) = 0$, es decir, $6x - z = -4$.

Por otro lado, el plano rectificante de la curva tiene como vector normal precisamente el vector normal a la curva. En nuestro caso, en el punto $(4, 0, 8)$ el normal es $\vec{n}(0) = \left(\frac{1}{\sqrt{5}}, 0, \frac{2}{\sqrt{5}}\right)$, pero podemos considerar $(1, 0, 2)$. El plano que tiene este vector como normal y pasa por el punto $(4, 0, 8)$ es $x - 4 + 2(z - 8) = 0$, es decir, $x + 2z = 20$. Por tanto, las ecuaciones cartesianas de la recta intersección de ambos planos es

$$\begin{cases} 6x - z = 4 \\ x + 2z = 20 \end{cases}$$

Ejercicio 4

Considera la superficie $X(u, v) = (u \cos v, u \sin v, 2 - u^2)$ con $0 \leq u$, $0 \leq v \leq 2\pi$.

a) ¿De qué superficie se trata?
b) Comprueba que el punto $(1, 1, 0)$ pertenece a la superficie.
c) Calcula el plano tangente en el punto $(1, 1, 0)$.
d) Calcula el plano que contiene la dirección normal a la superficie en el punto $(1, 1, 0)$ y pasa por los puntos $(1, 1, 0)$ y $(0, -1, 0)$.

Solución.

a) Si llamamos $x = u \cos v$, $y = u \sin v$ y $z = 2 - u^2$ entonces se cumple $x^2 + y^2 = 2 - z$, con lo que se trata de un paraboloide.

b) Como el punto $(1, 1, 0)$ cumple la ecuación $x^2 + y^2 = 2 - z$, entonces es un punto de la superficie.

Alternativamente, también podemos calcular el valor de los parámetros u y v que dan como resultado el punto $(1, 1, 0)$. Esto es, buscamos u y v que cumplan

$$\begin{aligned} u \cos v &= 1, \\ u \sin v &= 1, \\ 2 - u^2 &= 0. \end{aligned}$$

Por tanto, $u = \sqrt{2}$ (hay que recordar que según el enunciado $u > 0$, por lo que hemos de quedarnos con la raíz positiva) y $v = \frac{\pi}{4}$.

c) Como la superficie viene dada por el grafo de la función $f(x,y) = 2 - x^2 - y^2$, entonces el plano tangente viene dado por

$$\begin{aligned} z - 0 &= \frac{\partial f}{\partial x}(1,1)(x-1) + \frac{\partial f}{\partial y}(1,1)(y-1), \\ z &= -2(x-1) - 2(y-1), \\ z &= -2x - 2y + 4. \end{aligned}$$

Alternativamente, podemos calcular el plano tangente usando la parametrización dada. Tenemos

$$\begin{aligned} X_u &= (\cos v, \sin v, -2u), \\ X_v &= (-u \sin v, u \cos v, 0). \end{aligned}$$

Por tanto, los vectores tangente en el punto $(1,1,0)$ son

$$\begin{aligned} X_u\left(\sqrt{2}, \frac{\pi}{4}\right) &= \left(\frac{\sqrt{2}}{2}, \frac{\sqrt{2}}{2}, -2\sqrt{2}\right), \\ X_v\left(\sqrt{2}, \frac{\pi}{4}\right) &= (-1, 1, 0). \end{aligned}$$

El plano tangente en el punto $(1,1,0)$ es

$$\begin{vmatrix} x-1 & y-1 & z \\ \frac{\sqrt{2}}{2} & \frac{\sqrt{2}}{2} & -2\sqrt{2} \\ -1 & 1 & 0. \end{vmatrix} = 0.$$

Si sacamos factor común $\frac{\sqrt{2}}{2}$ de la segunda fila, como el determinante está igualado a cero nos queda

$$\begin{vmatrix} x-1 & y-1 & z \\ 1 & 1 & -4 \\ -1 & 1 & 0 \end{vmatrix} = 0$$
$$2x + 2y + z = 4.$$

d) Un vector normal en el punto $(1,1,0)$ viene dado por

$$\left(\frac{\partial f}{\partial x}(1,1), \frac{\partial f}{\partial y}(1,1), -1\right) = (-2,-2,-1)$$

y el vector que une los puntos $(1,1,0)$ y $(0,-1,0)$ es $(1,2,0)$, por lo que el plano pedido será

$$\begin{vmatrix} x-1 & y-1 & z \\ -2 & -2 & -1 \\ 1 & 2 & 0 \end{vmatrix} = 0,$$
$$2x - y - 2z - 1 = 0.$$

Alternativamente, podemos calcular el vector normal en el punto $(1,1,0)$ como

$$X_u\left(\sqrt{2}, \frac{\pi}{4}\right) \times X_v\left(\sqrt{2}, \frac{\pi}{4}\right) = \begin{vmatrix} i & j & k \\ \frac{\sqrt{2}}{2} & \frac{\sqrt{2}}{2} & -2\sqrt{2} \\ -1 & 1 & 0 \end{vmatrix} = \left(2\sqrt{2}, 2\sqrt{2}, \sqrt{2}\right),$$

que es proporcional al vector normal calculado anteriormente. Por supuesto, si calculamos el plano pedido en el enunciado usando este vector normal, el resultado es el mismo.

Ejercicio 5

Parametriza la porción de plano $z = 2y + 3$ limitada por el cilindro $x^2 + (z-1)^2 = 1$, indicando dónde varían los parámetros.

Solución.
Si tomamos coordenadas polares desplazadas en el plano XZ, esto es,

$$\begin{cases} x = r\cos t \\ z = 1 + r\sin t \end{cases}$$

y sustituimos en la ecuación del plano, nos queda $1 + r\sin t = 2y + 3$. Despejando la variable y de esta ecuación, obtenemos la parametrización

$$X(r,t) = \left(r\cos t, -1 + \frac{1}{2}r\sin t, 1 + r\sin t\right).$$

Evidentemente, el parámetro t varía desde 0 a 2π. Para saber cómo varía el parámetro r, sustituimos el cambio a polares en la ecuación del cilindro, ya que es el que limita el trozo de plano, y nos queda $r = 1$. Por tanto, r varía desde 0 a 1.

Ejercicio 6

Parametriza la porción de paraboloide $z = x^2 + y^2$ limitada por el plano $z = 2x + 3$.

Solución.
Una parametrización del paraboloide completo es $X(u, v) = (u, v, u^2 + v^2)$ con $u, v \in \mathbb{R}$. Si sustituimos esta parametrización en la ecuación del plano nos queda $u^2 + v^2 = 2u + 3$. Vamos a completar cuadrados para ver de qué curva se trata.

$$\begin{aligned} u^2 - 2u + 1 + v^2 &= 4, \\ (u-1)^2 + v^2 &= 4, \end{aligned}$$

por lo que para quedarnos dentro de la porción de paraboloide que nos indican, los parámetros u y v tienen que estar en el dominio D formado por el interior de la circunferencia de centro $(1, 0)$ y radio 2. Para describir más fácilmente este dominio tomamos coordenadas polares desplazadas

$$\begin{cases} u = 1 + r\cos t \\ v = r\sin t \end{cases}$$

Si $0 \leq t \leq 2\pi$ y $0 \leq r \leq 2$ entonces $(u, v) \in D$. Ahora, $u^2 + v^2 = (1 + r\cos t)^2 + r^2\sin^2 t = 1 + 2r\cos t + r^2$, con lo que una parametrización de la porción de paraboloide es

$$\Phi(r, t) = \left(1 + r\cos t, r\sin t, 1 + 2r\cos t + r^2\right)$$

para $0 \leq t \leq 2\pi$ y $0 \leq r \leq 2$.

Ejercicio 7

Considera la superficie parametrizada por

$$X(r,u) = \left(r\cosh u, r\sinh u, \sqrt{1+r^2}\right)$$

con $r, u \in \mathbb{R}$.

a) ¿De qué superficie se trata?
b) Calcula los puntos donde el plano tangente es paralelo a $2z = x$.

Solución.

a) Si llamamos $x = r\cosh u$,$y = r\sinh u$ y $z = \sqrt{1+r^2}$ se cumple que $x^2 - y^2 = z^2 - 1$, es decir, $x^2 + 1 = y^2 + z^2$. Por tanto, se trata de un hiperboloide de una hoja cuyo eje de revolución es el eje X. Como $1 \leq \sqrt{1+r^2}$, esta parametrización sólo nos da la parte del hiperboloide con $z \geq 1$.

b) Como $v = (1, 0, -2)$ es un vector normal al plano $2z = x$, los puntos donde el plano tangente es paralelo a este plano cumplirán que $v \cdot X_r = 0$ y $v \cdot X_u = 0$. Como

$$X_r = \left(\cosh u, \sinh u, \frac{r}{\sqrt{1+r^2}}\right),$$
$$X_u = (r\sinh u, r\cosh u, 0)$$

entonces tenemos el sistema

$$\begin{cases} r\sinh u = 0 \\ \cosh u = \frac{2r}{\sqrt{1+r^2}} \end{cases}$$

de donde $r = 0$ o $\sinh u = 0$. Como $\cosh u$ es siempre positivo, el caso $r = 0$ no nos da ninguna solución. En el caso $\sinh u = 0$ tenemos que $u = 0$ y por tanto $1 = \frac{2r}{\sqrt{1+r^2}}$. Es decir, $1 + r^2 = 4r^2$, por lo que $r = \pm\frac{1}{\sqrt{3}}$ y los puntos donde el plano tangente es paralelo al plano $2z = x$ serán $X(\frac{1}{\sqrt{3}}, 0)$ y $X(-\frac{1}{\sqrt{3}}, 0)$.

2.2. CURVATURA

Ejercicio 1

Calcula matriz de Weingarten en un punto cualquiera del cilindro $x^2 + y^2 = R^2$ y úsala para calcular la curvatura media, la curvatura de Gauss, las curvaturas principales y las direcciones principales.

Solución.
Parametrizamos el cilindro como $X(r, u) = (R\cos u, R\sin u, r)$. Tenemos que

$$X_r(r, u) = (0, 0, 1),$$
$$X_u(r, u) = (-R\sin u, R\cos u, 0),$$

por lo que los coeficientes de la primera forma fundamental son

$$E = X_r \cdot X_r = 1, \quad F = X_r \cdot X_u = 0, \quad G = X_u \cdot X_u = R^2.$$

Por otro lado, el campo normal es $N = \frac{X_r \times X_u}{||X_r \times X_u||} = (-\cos u, -\sin u, 0)$. Como

$$X_{rr} = (0, 0, 0), \quad X_{ru} = (0, 0, 0), \quad X_{uu} = (-R\cos u, -R\sin u, 0),$$

entonces los coeficientes de la segunda forma fundamental son

$$e = X_{rr} \cdot N = 0, \quad f = X_{ru} \cdot N = 0, \quad g = X_{uu} \cdot N = R,$$

con lo que la matriz de Weingarten es

$$A = \begin{pmatrix} E & F \\ F & G \end{pmatrix}^{-1} \begin{pmatrix} e & f \\ f & g \end{pmatrix} = \begin{pmatrix} 1 & 0 \\ 0 & R^2 \end{pmatrix}^{-1} \begin{pmatrix} 0 & 0 \\ 0 & R \end{pmatrix} = \begin{pmatrix} 0 & 0 \\ 0 & \frac{1}{R} \end{pmatrix}.$$

La curvatura de Gauss será entonces $K = det(A) = 0$ y la curvatura media $H = \frac{1}{2R}$.

Como A ya es diagonal, las curvaturas principales son 0 y $\frac{1}{R}$. Las direcciones principales son $X_r = (0, 0, 1)$ y $X_u = (-R\sin u, R\cos u, 0)$.

Ejercicio 2

Dada la superficie S parametrizada por $\varphi(u, v) = (u \cos v, u \sin v, \cos u)$ para $u \in (0, \pi)$ y $v \in (0, 2\pi)$.

a) Calcula los coeficientes de la primera forma fundamental en el punto $P(0, \frac{\pi}{2}, 0)$.
b) Calcula el ángulo que forman las curvas coordenadas en P.
c) Calcula la matriz asociada al endomorfismo de Weingarten en P.
d) Calcula la curvatura de Gauss, curvatura media y curvaturas principales en P.

Solución.
El punto P se tiene para los valores de los parámetros $u = \frac{\pi}{2}, v = \frac{\pi}{2}$, es decir,

$$\varphi\left(\frac{\pi}{2}, \frac{\pi}{2}\right) = (0, \frac{\pi}{2}, 0).$$

Los vectores tangentes en este punto son

$$\varphi_u\left(\frac{\pi}{2}, \frac{\pi}{2}\right) = (0, 1, -1),$$
$$\varphi_v\left(\frac{\pi}{2}, \frac{\pi}{2}\right) = (-\frac{\pi}{2}, 0, 0),$$

por lo que los coeficientes de la primera forma fundamental son

$$E = 2, \quad F = 0, \quad G = \frac{\pi^2}{4}.$$

Al ser $F = 0$, la parametrización es ortogonal, es decir los vectores tangentes son ortogonales, luego el ángulo que forman las curvas coordenadas es de 90 grados.

Por otro lado, como

$$N = \frac{\varphi_u\left(\frac{\pi}{2}, \frac{\pi}{2}\right) \times \varphi_v\left(\frac{\pi}{2}, \frac{\pi}{2}\right)}{||\varphi_u\left(\frac{\pi}{2}, \frac{\pi}{2}\right) \times \varphi_v\left(\frac{\pi}{2}, \frac{\pi}{2}\right)||} = \left(0, \frac{1}{\sqrt{2}}, \frac{1}{\sqrt{2}}\right),$$

entonces los coeficientes de la segunda forma fundamental son

$$e = \varphi_{uu} \cdot N = (0,0,0) \cdot \left(0, \frac{1}{\sqrt{2}}, \frac{1}{\sqrt{2}}\right) = 0,$$
$$f = \varphi_{uv} \cdot N = (-1,0,0) \cdot \left(0, \frac{1}{\sqrt{2}}, \frac{1}{\sqrt{2}}\right) = 0,$$
$$g = \varphi_{vv} \cdot N = (0, -\frac{\pi}{2}, 0) \cdot \left(0, \frac{1}{\sqrt{2}}, \frac{1}{\sqrt{2}}\right) = -\frac{\pi}{2\sqrt{2}}.$$

La matriz del operador de Weingarten es entonces

$$A = \begin{pmatrix} E & F \\ F & G \end{pmatrix}^{-1} \cdot \begin{pmatrix} e & f \\ f & g \end{pmatrix} = \begin{pmatrix} 2 & 0 \\ 0 & \frac{\pi^2}{4} \end{pmatrix}^{-1} \cdot \begin{pmatrix} 0 & 0 \\ 0 & -\frac{\pi}{2\sqrt{2}} \end{pmatrix}$$
$$= \begin{pmatrix} 0 & 0 \\ 0 & -\frac{\sqrt{2}}{\pi} \end{pmatrix}$$

(d) La curvatura de Gauss es 0, la curvatura media es $\frac{\sqrt{2}}{2\pi}$ y las curvaturas principales son 0 y $\frac{\sqrt{2}}{\pi}$.

Ejercicio 3

Considera la superficie parametrizada $X(u, v) = (2u, 2v, u^2 - v^2)$.

a) ¿De qué superficie se trata?
b) Calcula la matriz de Weingarten, las curvaturas principales y las direcciones principales en el punto $X(1, 1)$.
c) Usa lo anterior para calcular la curvatura de Gauss y la curvatura media en $X(1, 1)$.

Solución.

a) Si llamamos $x = 2u$, $y = 2v$, $z = u^2 - v^2$ tenemos que $\left(\frac{x}{2}\right)^2 - \left(\frac{y}{2}\right)^2 = z$, con lo que se trata de un paraboloide hiperbólico (silla de montar).

b) Primero calculamos las derivadas.

$$\begin{aligned} X_u &= (2,0,2u) \\ X_{uu} &= (0,0,2) \\ X_{uv} &= (0,0,0) \\ X_v &= (0,2,-2v) \\ X_{vv} &= (0,0,-2) \end{aligned}$$

El campor normal unitario será

$$N = \frac{X_u \times X_v}{||X_u \times X_v||} = \frac{1}{\sqrt{1+u^2+v^2}}(-u,v,1)$$

Por tanto, la primera forma fundamental es $E = X_u \cdot X_u = 4+4u^2$, $F = X_u \cdot X_v = -4uv$, $G = X_v \cdot X_v = 4+4v^2$. La segunda forma fundamental es

$$\begin{aligned} e &= X_{uu} \cdot N = \frac{2}{\sqrt{1+u^2+v^2}} \\ f &= X_{uv} \cdot N = 0 \\ g &= X_{vv} \cdot N = \frac{-2}{\sqrt{1+u^2+v^2}} \end{aligned}$$

Si sustituimos $u = v = 1$, nos queda que la matriz de Weingarten en este punto es

$$A = \begin{pmatrix} 8 & -4 \\ -4 & 8 \end{pmatrix}^{-1} \begin{pmatrix} \frac{2}{\sqrt{3}} & 0 \\ 0 & -\frac{2}{\sqrt{3}} \end{pmatrix} = \begin{pmatrix} \frac{1}{3\sqrt{3}} & -\frac{1}{6\sqrt{3}} \\ \frac{1}{6\sqrt{3}} & -\frac{1}{3\sqrt{3}} \end{pmatrix}$$

Ahora diagonalizamos esta matriz. El polinomio característico es

$$\begin{aligned} |A-\lambda I| &= \begin{vmatrix} \frac{1}{3\sqrt{3}}-\lambda & -\frac{1}{6\sqrt{3}} \\ \frac{1}{6\sqrt{3}} & -\frac{1}{3\sqrt{3}}-\lambda \end{vmatrix} = -\left(\frac{1}{3\sqrt{3}}-\lambda\right)\left(\frac{1}{3\sqrt{3}}+\lambda\right)+\frac{1}{108} \\ &= -\left(\frac{1}{27}-\lambda^2\right)+\frac{1}{108} = \lambda^2 - \frac{1}{36} \end{aligned}$$

Por lo tanto, los autovalores (es decir, las curvaturas principales) son $\lambda_1 = -\frac{1}{6}$ y $\lambda_2 = \frac{1}{6}$.

Ahora calculamos los autovectores (direcciones principales).

Para $\lambda_1 = -\frac{1}{6}$ tenemos que resolver $(A + \frac{1}{6}I)X = 0$, es decir,

$$\begin{pmatrix} \frac{1}{3\sqrt{3}} + \frac{1}{6} & -\frac{1}{6\sqrt{3}} \\ \frac{1}{6\sqrt{3}} & -\frac{1}{3\sqrt{3}} + \frac{1}{6} \end{pmatrix} \begin{pmatrix} x \\ y \end{pmatrix} = \begin{pmatrix} 0 \\ 0 \end{pmatrix}$$
$$\begin{pmatrix} 2 + \sqrt{3} & -1 \\ 1 & -2 + \sqrt{3} \end{pmatrix} \begin{pmatrix} x \\ y \end{pmatrix} = \begin{pmatrix} 0 \\ 0 \end{pmatrix}$$

Un vector que cumple este sistema es $w = (1, 2+\sqrt{3})$, por lo que la dirección principal es $X_u(1,1) + (2+\sqrt{3})X_v(1,1) = (2, 2\sqrt{3}+4, -2\sqrt{3}-2)$.

De la misma forma, un autovector para $\lambda = \frac{1}{6}$ es $w = (1, 2-\sqrt{3}))$ por lo que la otra dirección principal es

$$X_u(1,1) + (2-\sqrt{3})X_v(1,1) = (2, 4-2\sqrt{3}, 2\sqrt{3}-2).$$

c) La curvatura media es $H = \frac{1}{2}\left(\frac{1}{6} - \frac{1}{6}\right) = 0$ y la curvatura de Gauss es $K = \frac{1}{6} \cdot \left(-\frac{1}{6}\right) = -\frac{1}{36}$.

Ejercicio 4

Considera el paraboloide S cuya ecuación es $z = x^2 + y^2 + 1$.

a) Da dos parametrizaciones distintas de la superficie, indicando dónde varían los parámetros.
b) Calcula la matriz de Weingarten en el punto $P(1,1,3)$ usando cada una de las parametrizaciones.
c) Calcula las curvaturas principales y las direcciones principales usando cada una de las matrices anteriores.
d) Calcula la curvatura de Gauss y la curvatura media en el punto P.

Solución.

a) Dos parametrizaciones distintas son

$$X(u,v) = (u, v, u^2 + v^2 + 1) \quad u, v \in \mathbb{R},$$
$$Y(r,t) = (r\cos t, r\sin t, 1 + r^2) \quad 0 < t < 2\pi, \; 0 < r.$$

b) Con la primera parametrización, el punto P lo obtenemos para $u = 1, \; v = 1$. Con la segunda, lo obtenemos para $r = \sqrt{2}, \; t = \frac{\pi}{4}$.

Empezamos con la primera parametrización. Tenemos que

$$X_u(u,v) = (1, 0, 2u),$$
$$X_v(u,v) = (0, 1, 2v)$$

con lo que $E = 1 + 4u^2$, $F = 4uv$ y $G = 1 + 4v^2$. Por otro lado, el campo normal unitario viene dado por $N = \frac{1}{\sqrt{1+4u^2+4v^2}}(-2u, -2v, 1)$, con lo que los coeficientes de la segunda forma fundamental son

$$e = N \cdot X_{uu} = \frac{2}{\sqrt{1 + 4u^2 + 4v^2}},$$
$$f = N \cdot X_{uv} = 0,$$
$$g = N \cdot X_{vv} = \frac{2}{\sqrt{1 + 4u^2 + 4v^2}}.$$

Si evaluamos en $u = v = 1$, la matriz de Weingarten en P es

$$A = \begin{pmatrix} 5 & 4 \\ 4 & 5 \end{pmatrix}^{-1} \begin{pmatrix} \frac{2}{3} & 0 \\ 0 & \frac{2}{3} \end{pmatrix} = \begin{pmatrix} \frac{5}{9} & -\frac{4}{9} \\ -\frac{4}{9} & \frac{5}{9} \end{pmatrix} \begin{pmatrix} \frac{2}{3} & 0 \\ 0 & \frac{2}{3} \end{pmatrix} = \begin{pmatrix} \frac{10}{27} & -\frac{8}{27} \\ -\frac{8}{27} & \frac{10}{27} \end{pmatrix}$$

Ahora hacemos lo mismo con la parametrización $Y(r,t)$. Derivando,

$$Y_r = (\cos t, \sin t, 2r),$$
$$Y_t = (-r\sin t, r\cos t, 0),$$
$$Y_{rr} = (0, 0, 2),$$
$$Y_{rt} = (-\sin t, \cos t, 0),$$
$$Y_{tt} = (-r\cos t, -r\sin t, 0).$$

Por tanto, $E = 1 + 4r^2$, $F = 0$, $G = r^2$ y

$$N=\frac{1}{\sqrt{1+4r^2}}\left(-2r\cos t,-2r\sin t,1\right).$$

Los coeficientes de la segunda forma fundamental son

$$\begin{aligned} e&=\frac{2}{\sqrt{1+4r^2}},\\ f&=0\\ g&=\frac{2r^2}{\sqrt{1+4r^2}} \end{aligned}$$

Si evaluamos en $r=\sqrt{2}, t=\frac{\pi}{4}$ nos queda que la matriz de Weingarten en P es

$$B=\begin{pmatrix}9&0\\0&2\end{pmatrix}^{-1}\begin{pmatrix}\frac{2}{3}&0\\0&\frac{4}{3}\end{pmatrix}=\begin{pmatrix}\frac{2}{27}&0\\0&\frac{2}{3}\end{pmatrix}.$$

c) Usamos primero A, la matriz de Weingarten en P calculada usando la parametrización $X(u,v)$. El polinomio característico es $p(\lambda)=det(A-\lambda I)=\lambda^2-\frac{20}{27}\lambda+\frac{4}{81}$ y sus raíces, es decir, los autovalores de A o equivalentemente las curvaturas principales, son $\frac{2}{27}$ y $\frac{2}{3}$.

   Para obtener las direcciones principales calculamos los autovectores. Para ello, hallamos una solución del sistema $(A-\frac{2}{27}I)X=0$, por ejemplo, $(1,1)$. Por tanto, una dirección principal es $1\cdot X_u(1,1)+1\cdot X_v(1,1)=(1,1,4)$. De forma análoga, el otro autovector se obtiene hallando una solución de $(A-\frac{2}{3}I)X=0$, por ejemplo, $(1,-1)$. Entonces, la otra dirección principal es $1\cdot X_u(1,1)-1\cdot X_v(1,1)=(1,-1,0)$.

   Si usamos la matriz de Weingarten B calculada según $Y(r,t)$ nos ahorramos diagonalizar, porque esta matriz ya es diagonal. Los autovalores (curvaturas principales) los vemos directamente en la diagonal y sus autovectores son $(1,0)$ y $(0,1)$. Por tanto, las direcciones principales son $1\cdot Y_r(\sqrt{2},\frac{\pi}{4})+0\cdot Y_t(\sqrt{2},\frac{\pi}{4})=\left(\frac{1}{\sqrt{2}},\frac{1}{\sqrt{2}},2\sqrt{2}\right)$, que es proporcional a $(1,1,4)$ y $0\cdot Y_r(\sqrt{2},\frac{\pi}{4})+1\cdot Y_t(\sqrt{2},\frac{\pi}{4})=(-1,1,0)$.

d) Usando cualquiera de las dos matrices calculadas antes, tenemos que la curvatura de Gauss es $K=det\ A=det\ B=\frac{4}{81}$ y la curvatura media es $H=\frac{1}{2}traza(A)=\frac{1}{2}traza(B)=\frac{10}{27}$.

2.3. EJEMPLOS DE SUPERFICIES

Las constantes a, b, c y R en los siguientes ejemplos de superficies se suponen todas positivas.

- **Esfera de centro** (x_0, y_0, z_0) **y radio** R.
  Ecuación:

  $$(x - x_0)^2 + (y - y_0)^2 + (z - z_0)^2 = R^2.$$

  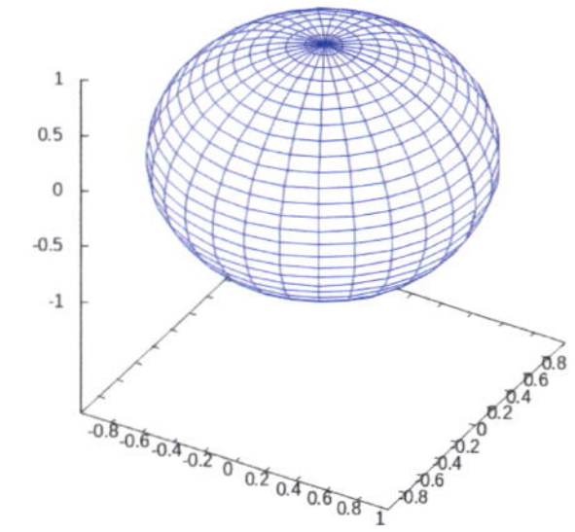

  Parametrización:

  $$X(u, v) = \big(x_0 + R\cos u \cos v, y_0 + R\sin u \cos v, z_0 + R\sin v\big)$$

  con $0 < u < 2\pi$ y $-\frac{\pi}{2} < v < \frac{\pi}{2}$. El parámetro u mide el ángulo que forma el vector proyección sobre el plano XY con el eje X. El parámetro v mide el ángulo de elevación sobre el plano XY.

- **Elipsoide de centro** (x_0, y_0, z_0) **y semiejes** a**,** b **y** c**.**
  Ecuación:

  $$\left(\frac{x - x_0}{a}\right)^2 + \left(\frac{x - y_0}{b}\right)^2 + \left(\frac{x - z_0}{c}\right)^2 = 1.$$

  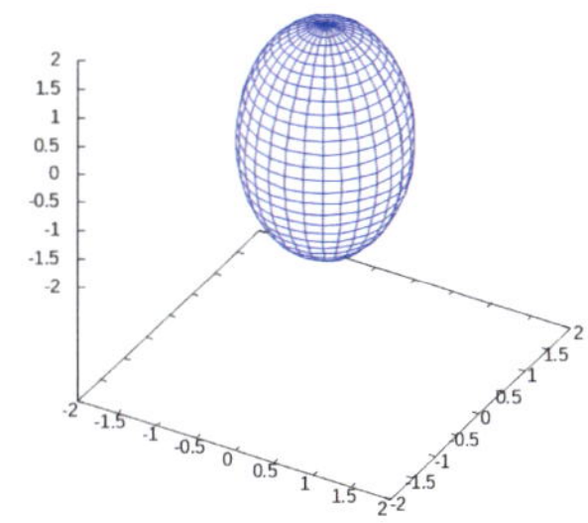

  Parametrización:

  $$X(u, v) = \big(x_0 + a\cos u \cos v, y_0 + b\sin u \cos v, z_0 + c\sin v\big)$$

  con $0 < u < 2\pi$ y $-\frac{\pi}{2} < v < \frac{\pi}{2}$.

- **Cilindro elíptico.**
  Ecuación:
  $$\left(\frac{x}{a}\right)^2+\left(\frac{y}{b}\right)^2=1.$$
  Parametrización:
  $$X(r,u)=(a\cos u, b\sin u, r)$$
  con $0<u<2\pi$ y $r\in\mathbb{R}$.

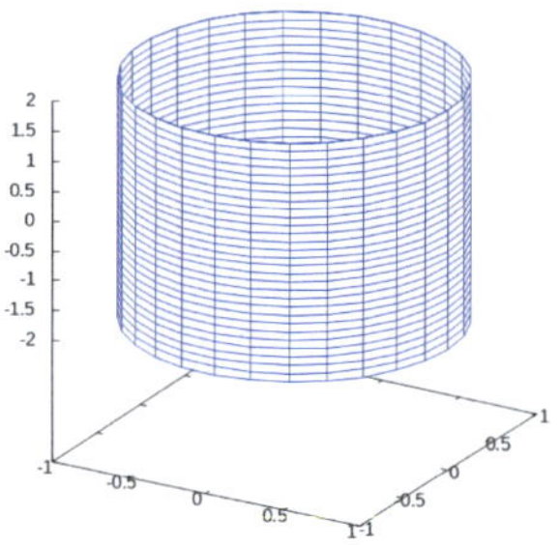

- **Cilindro hiperbólico.**
  Ecuación:
  $$\left(\frac{x}{a}\right)^2-\left(\frac{y}{b}\right)^2=1.$$
  Parametrización parte $x>0$:
  $$X(r,u)=(a\cosh u, b\sinh u, r)$$
  con $u\in\mathbb{R}$ y $r\in\mathbb{R}$.
  Parametrización parte $x<0$:
  $$X(r,u)=(-a\cosh u, b\sinh u, r)$$
  con $u\in\mathbb{R}$ y $r\in\mathbb{R}$.

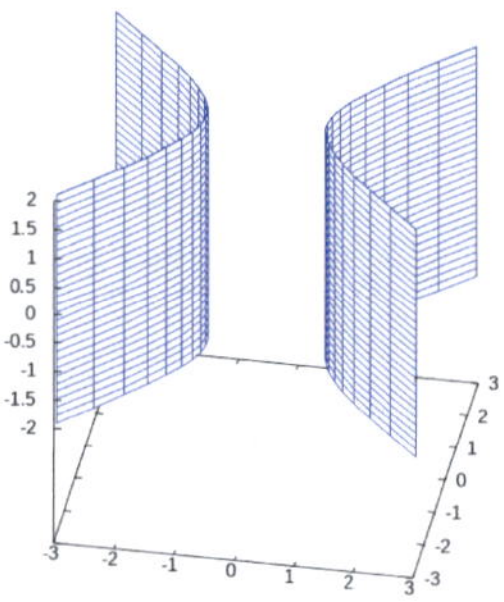

- **Paraboloide elíptico.**
  Ecuación:
  $$z=\left(\frac{x}{a}\right)^2+\left(\frac{y}{b}\right)^2.$$
  Parametrizaciones:
  $$X(u,v)=\left(u,v,\left(\frac{u}{a}\right)^2+\left(\frac{v}{b}\right)^2\right)$$
  con $u\in\mathbb{R}$ y $v\in\mathbb{R}$.
  $$X(r,u)=(ar\cos u, br\sin u, r^2)$$
  con $0<u<2\pi$ y $0<r$.

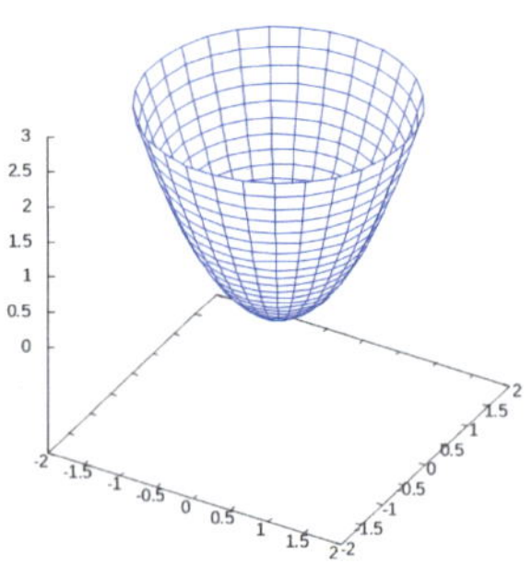

- **Paraboloide hiperbólico o silla de montar.**
  Ecuación:

$$z = \left(\frac{x}{a}\right)^2 - \left(\frac{y}{b}\right)^2.$$

  Parametrizaciones completa:

$$X(u, v) = \left(u, v, \left(\frac{u}{a}\right)^2 - \left(\frac{v}{b}\right)^2\right)$$

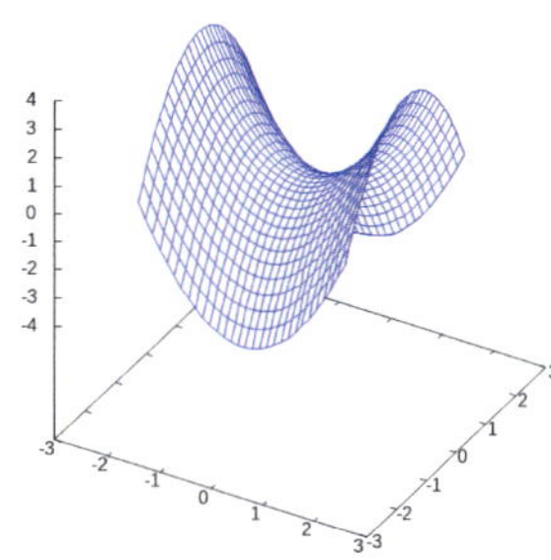

  con $u \in \mathbb{R}$ y $v \in \mathbb{R}$.
  Parametrización parte $x > 0$:

$$X(r, u) = \left(ar \cosh u, br \sinh u, r^2\right)$$

  con $u \in \mathbb{R}$ y $0 < r$.
  Parametrización parte $x < 0$:

$$X(r, u) = \left(-ar \cosh u, br \sinh u, r^2\right)$$

  con $u \in \mathbb{R}$ y $0 < r$.

- **Cono.**
  Ecuación:

$$z^2 = \left(\frac{x}{a}\right)^2 + \left(\frac{y}{b}\right)^2.$$

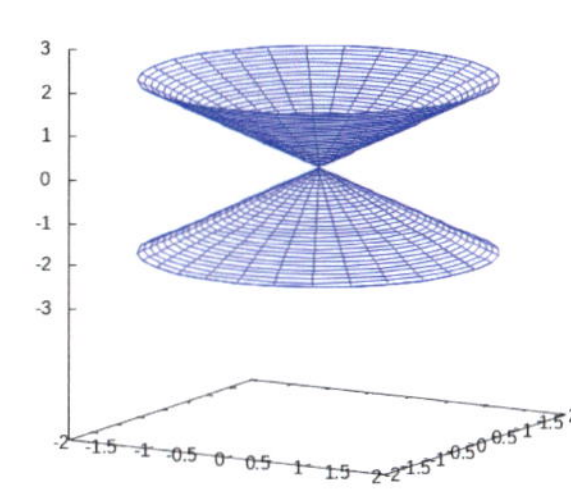

  Parametrización parte $z > 0$:

$$X(r, u) = (ar \cos u, br \sin u, r)$$

  con $0 < u < 2\pi$ y $0 < r$.
  Parametrización parte $z < 0$:

$$X(r, u) = (ar \cos u, br \sin u, -r)$$

  con $0 < u < 2\pi$ y $0 < r$.

- **Hiperboloide de una hoja.**
  Ecuación:

$$z^2 + c^2 = \left(\frac{x}{a}\right)^2 + \left(\frac{y}{b}\right)^2.$$

Parametrización parte $z > 0$:

$$X(r,u) = \left(ar\cos u, br\sin u, \sqrt{r^2 - c^2}\right)$$

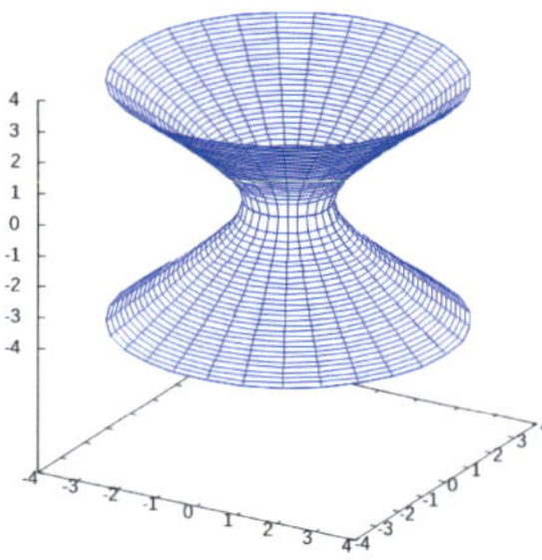

con $0 < u < 2\pi$ y $c < r$.
Parametrización parte $z < 0$:

$$X(r,u) = \left(ar\cos u, br\sin u, -\sqrt{r^2 - c^2}\right)$$

con $0 < u < 2\pi$ y $c < r$.
Parametrización completa:

$$X(r,u) = \left(a\sqrt{r^2 + c^2}\cos u, b\sqrt{r^2 + c^2}\sin u, r\right)$$

con $0 < u < 2\pi$ y $r \in \mathbb{R}$.
Otra parametrización completa alternativa:

$$X(r,u) = (ac\cosh v\cos u, bc\cosh v\sin u, c\sinh v)$$

con $0 < u < 2\pi$ y $v \in \mathbb{R}$.

- **Hiperboloide de dos hojas.**
  Ecuación:

$$z^2 - c^2 = \left(\frac{x}{a}\right)^2 + \left(\frac{y}{b}\right)^2.$$

Parametrización parte $z > 0$:

$$X(r,u) = \left(ar\cos u, br\sin u, \sqrt{r^2 + c^2}\right)$$

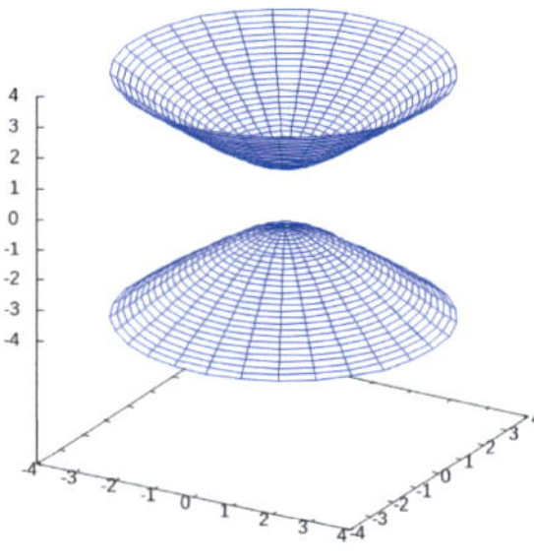

con $0 < u < 2\pi$ y $c < r$.
Parametrización parte $z < 0$:

$$X(r,u) = \left(ar\cos u, br\sin u, -\sqrt{r^2 + c^2}\right)$$

con $0 < u < 2\pi$ y $0 < r$.

- **Toro de radios $R > r$.**
  Ecuación:

$$\left(R - \sqrt{x^2 + y^2}\right)^2 + z^2 = r^2$$

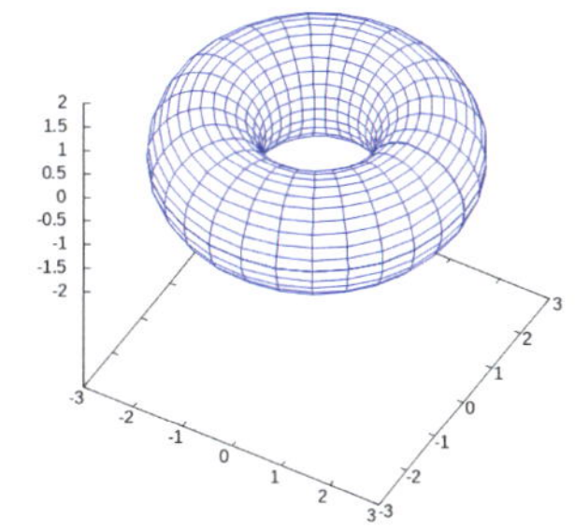

  Parametrización:

$$X(u, v) = \big((R + r\cos v)\cos u, (R + r\cos v)\sin u, \\ r\sin v\big)$$

  con $0 < u < 2\pi$ y $0 < v < 2\pi$.

- **Grafo de una función.**
  Ecuación:

$$z = f(x, y)$$

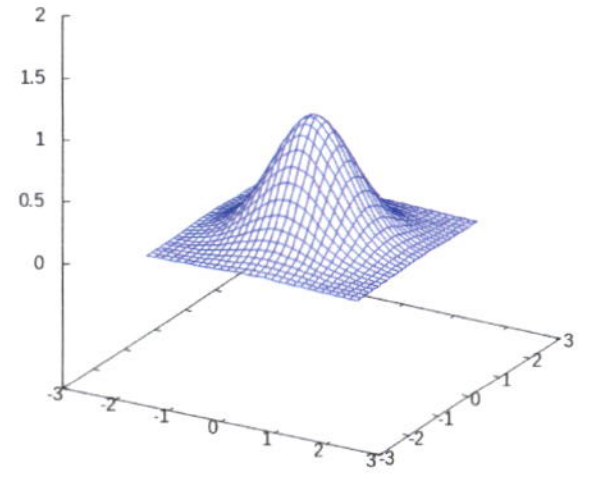

  donde $f : D \subset \mathbb{R}^2 \to \mathbb{R}$.
  Parametrización:

$$X(u, v) = (u, v, f(u, v))$$

  con $(u, v) \in D$.

- **Superficies de revolución.**
  Si $(0, y(t), z(t))$ con $t \in I$ es una curva en el plano YZ, al girar sobre el eje Z se obtiene la superficie parametrizada

$$X(t,u) = (y(t)\cos u, y(t)\sin u, z(t))$$

con $0 < u < 2\pi$ y $t \in I$. De forma análoga, si $(x(t), 0, z(t))$ es una curva en el plano XZ y giramos sobre el eje Z obtenemos la superficie

$$X(t,u) = (x(t)\cos u, x(t)\sin u, z(t)).$$

Si $(x(t), y(t), 0)$ es una curva en el plano XY y giramos sobre el eje X obtenemos la superficie

$$X(t,u) = (x(t), y(t)\cos u, y(t)\sin u)$$

con $0 < u < 2\pi$ y $t \in I$.

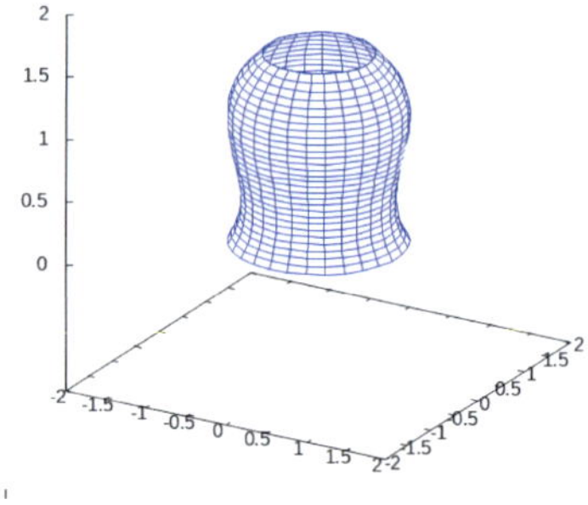

3. INTEGRALES DE LÍNEA

3.1. CÁLCULO DIRECTO DE UNA INTEGRAL DE LÍNEA

Ejercicio 1

Calcula $\int_\gamma F(x,y,z)d\gamma$ donde $F(x,y,z) = (y+z, x-z, zx)$ y $\gamma(t) = (\cos t, \sin t, t)$ con $0 \leq t \leq \frac{\pi}{2}$.

Solución.
Tenemos que

$$\begin{aligned} d\gamma &= (-\sin t, \cos t, 1)dt, \\ F(\gamma) &= (\sin t + t, \cos t - t, t\cos t), \\ F(\gamma)\,d\gamma &= (-(\sin t + t)\sin t + (\cos t - t)\cos t + t\cos t)\,dt. \end{aligned}$$

Por tanto,

$$\begin{aligned} \int_\gamma F d\gamma = \int_0^{\frac{\pi}{2}} &(-(\sin t + t)\sin t + (\cos t - t)\cos t + t\cos t)\,dt \\ &= \int_0^{\frac{\pi}{2}} \left(-\sin^2 t - t\sin t + \cos^2 t\right) dt. \end{aligned}$$

Si usamos la indentidad trigonométrica $\cos^2 t - \sin^2 t = \cos 2t$, la integral anterior nos queda

$$\int_0^{\frac{\pi}{2}} (\cos 2t - t\sin t)\,dt,$$

pero es inmediato que $\int_0^{\frac{\pi}{2}} \cos 2t dt = 0$ y si calculamos la integral $\int_0^{\frac{\pi}{2}} t \sin t$ por partes nos queda $\int t \sin t dt = \sin t - t \cos t$, con lo que

$$\int_\gamma F d\gamma = -1.$$

Ejercicio 2

Dado el campo vectorial $F(x,y) = (xy, x)$ calcula la integral de línea $\int_\gamma F d\gamma$, donde γ es la curva que se muestra en la figura recorrida en sentido horario. ¿Es el campo F conservativo?

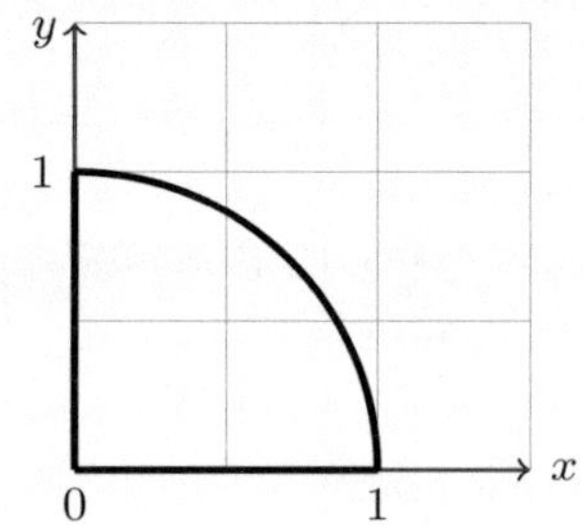

Solución.
Tomamos las siguientes curvas

$$\begin{aligned} \alpha_1(t) &= (0,t) \ \ 0 \le t \le 1, \\ \alpha_2(t) &= (\cos t, \sin t) \ \ 0 \le t \le \frac{\pi}{2}, \\ \alpha_3(t) &= (t,0) \ \ 0 \le t \le 1. \end{aligned}$$

La curva α que nos indican en el dibujo será $\alpha_1 - \alpha_2 - \alpha_3$, donde el signo menos significa que se recorre en sentido contrario al dado por la parametrización. Por tanto,

$$\int_\alpha F d\alpha = \int_{\alpha_1} F d\alpha_1 - \int_{\alpha_2} F d\alpha_2 - \int_{\alpha_3} F d\alpha_3.$$

Hacemos cada integral por separado.

$$\begin{aligned}
\int_{\alpha_1} F d\alpha_1 &= \int_0^1 0 dt = 0,\\
\int_{\alpha_2} F d\alpha_2 &= \int_0^{\frac{\pi}{2}} \left(-\cos t \sin^2 t + \cos^2 t\right) dt\\
&= \int_0^{\frac{\pi}{2}} \left(-\cos t \sin^2 t + \frac{1+\cos(2t)}{2}\right) dt\\
&= \left[-\frac{1}{3}\sin^3 t + \frac{t}{2} + \frac{\sin(2t)}{4}\right]_0^{\frac{\pi}{2}} = \frac{\pi}{4} - \frac{1}{3},\\
\int_{\alpha_3} F d\alpha_3 &= \int_0^1 0 dt = 0.
\end{aligned}$$

Luego $\int_\alpha F d\alpha = \frac{1}{3} - \frac{\pi}{4}$. El campo no puede ser conservativo porque la integral de línea a lo largo de una camino cerrado no da 0.

Ejercicio 3

Calcula

$$\int_C (x-y)dx + (y+z)dy + (x-z)dz,$$

donde C es la recta que une los puntos $A(1,0,1)$ y $B(2,1,0)$.

Solución.
Podemos parametrizar C como

$$\gamma(t) = (1-t)A + tB = (1+t, t, 1-t), \quad 0 \leq t \leq 1.$$

Ahora, como $\gamma'(t) = (1,1,-1)$, tenemos que

$$\int_C (x-y)dx + (y+z)dy + (x-z)dz = \int_0^1 (1+1-2t)\, dt = 1.$$

Ejercicio 4

Calcula $\int_C y^2 dx$ donde C es la curva contenida en $z \geq 0$, $x \geq 0$ intersección de los cilindros $x^2 + y^2 = 4$ y $y^2 + z^2 = 1$.

Solución.
Cuando $z = 0$, de la segunda ecuación tenemos que $y = \pm 1$ y de la primera $x = \sqrt{3}$. Es decir, la curva que nos dan va desde el punto $(\sqrt{3}, -1, 0)$ al punto $(\sqrt{3}, 1, 0)$.

Tenemos que parametrizar la curva C. Visto en el plano YZ, la ecuación $y^2 + z^2 = 1$ define una circunferencia de radio 1, que sabemos que se parametriza como $y(t) = \cos t, z(t) = \sin t$. La x la despejamos de la ecuación $x^2 + y^2 = 4$ y nos queda que C se puede parametrizar como

$$\alpha(t) = \left(\sqrt{4 - \cos^2 t}, \cos t, \sin t\right)$$

con $0 \leq t \leq \pi$, dado que se nos dice en el enunciado que nos centremos en la parte de la curva intersección tal que $z \geq 0$ y $x \geq 0$. Por esta misma razón, hemos cogido la raíz positiva en la coordenada x de $\alpha(t)$.

Sin embargo, si intentamos hacer la integral de línea con esta parametrización nos queda una integral bastante complicada, por lo que vamos a parametrizar usando primero la ecuación $x^2 + y^2 = 4$. En este caso $x(t) = 2\cos t, y(t) = 2\sin t$ y la z la despejamos de la segunda ecuación, obteniendo

$$\beta(t) = \left(2\cos t, 2\sin t, \sqrt{1 - 4\sin t}\right)$$

para $-\frac{\pi}{6} \leq t \leq \frac{\pi}{6}$. Dos observaciones:

- Como en el enunciado nos especifican que la curva C está contenida en $z \geq 0$, hemos considerado la raíz positiva al despejar z de la ecuación $y^2 + z^2 = 1$.
- Como $y^2 + z^2 = 1$ implica que $-1 \leq y \leq 1$, se tiene que $-1 \leq 2\sin t \leq 1$, lo cual se cumple para $-\frac{\pi}{6} \leq t \leq \frac{\pi}{6}$.

Así pues, la integral pedida es

$$\int_C y^2 dx = \int_{-\frac{\pi}{6}}^{\frac{\pi}{6}} 4\sin^2 t \cdot (-2\sin t) dt = -8 \int_{-\frac{\pi}{6}}^{\frac{\pi}{6}} \sin^3 t dt$$

Si escribimos $\sin^3 t = \sin t(1 - \cos^2 t) = \sin t - \cos^2 t \sin t$, tenemos que una primitiva de $\sin^3 t$ es $-\cos t + \frac{1}{3}\cos^3(t)$, por lo que

$$\int_C y^2 dx = \left[-\cos t + \frac{1}{3}\cos^3(t)\right]_{-\frac{\pi}{6}}^{\frac{\pi}{6}} = 0.$$

Ejercicio 5

Considera la curva $\mathcal{C}$ dada en coordenadas polares por $r = \frac{1}{1+\cos t}$ con $0 \leq t \leq \frac{\pi}{4}$. Calcula:

a) $\int_{\mathcal{C}} \frac{1}{x} dy$.

b) $\int_{\mathcal{C}} dx - y dy$.

Solución.

a) Podemos parametrizar $\mathcal{C}$ como $\alpha(t) = \left(\frac{\cos t}{1+\cos t}, \frac{\sin t}{1+\cos t}\right)$ con $0 \leq t \leq \frac{\pi}{4}$, con lo que

$$\alpha'(t) = \left(\frac{-\sin t}{(1+\cos t)^2}, \frac{1}{1+\cos t}\right)$$

y por tanto

$$\int_{\mathcal{C}} \frac{1}{x} dy = \int_0^{\frac{\pi}{4}} \frac{1+\cos t}{\cos t} \cdot \frac{1}{1+\cos t} dt = \int_0^{\frac{\pi}{4}} \frac{1}{\cos t} dt = \int_0^{\frac{\pi}{4}} \frac{\cos t}{\cos^2 t} dt$$
$$= \int_0^{\frac{\pi}{4}} \frac{\cos t}{1 - \sin^2 t} dt$$

Si hacemos el cambio $s = \sin t$ nos queda

$$\int_0^{\frac{1}{\sqrt{2}}} \frac{1}{1-s^2} ds = \frac{1}{2} \int_0^{\frac{1}{\sqrt{2}}} \left(\frac{1}{1-s} + \frac{1}{1+s}\right) ds$$
$$= \frac{1}{2}\Big[-\ln(1-s) + \ln(1+s)\Big]_0^{\frac{1}{\sqrt{2}}} = \frac{1}{2} \ln \frac{\sqrt{2}+1}{\sqrt{2}-1}.$$

b) Si llamamos $(x(t), y(t)) = \alpha(t) = \left(\frac{\cos t}{1+\cos t}, \frac{\sin t}{1+\cos t}\right)$, como $x(0) = \frac{1}{2}$, $x\left(\frac{\pi}{4}\right) = \frac{1}{1+\sqrt{2}}$, $y(0) = 0$ y $y\left(\frac{\pi}{4}\right) = \frac{1}{1+\sqrt{2}}$ entonces tenemos que

$$\int_C dx - ydy = \int_0^{\frac{\pi}{4}} (x'(t) - y(t)y'(t))\,dt = \Big[x(t)\Big]_0^{\frac{\pi}{4}} - \left[\frac{1}{2}y(t)^2\right]_0^{\frac{\pi}{4}}$$
$$= -\frac{\sqrt{2}+1}{5\sqrt{2}+7}.$$

Hay que observar que cuando dx va acompañada de algo que sólo depende de x y dy de algo que sólo depende de y, en realidad no usamos para nada la parametrización, por lo que la integral de línea se puede hacer esquemáticamente como si fuera una integral de una variable de la siguiente manera.

$$\int_C dx - ydy = \Big[x\Big]_{\frac{1}{2}}^{\frac{1}{1+\sqrt{2}}} - \frac{1}{2}\Big[y^2\Big]_0^{\frac{1}{1+\sqrt{2}}} = -\frac{\sqrt{2}+1}{5\sqrt{2}+7}.$$

Ejercicio 6

Considera la curva dada por

$$\mathcal{C} \equiv \begin{cases} z^2 = x^2 + y^2 - 1 \\ x = y \\ x \geq 0 \end{cases}$$

Calcula $\int_\Gamma ydx + xdy + x^2\cos(z)dz$, donde Γ es el arco de $\mathcal{C}$ que va desde el punto $(1, 1, -1)$ a $(1, 1, 1)$.

Solución.

Vamos a parametrizar la curva. Si llamamos $x(t) = t$ con $t \geq 0$ entonces nos queda $z^2 = 2t^2 - 1$, lo que nos obligaría a poner $z(t) = \pm\sqrt{2t^2 - 1}$ y restringir t al intervalo $\left(-\infty, -\frac{1}{\sqrt{2}}\right) \cup \left(\frac{1}{\sqrt{2}}, \infty\right)$.

Por tanto, vamos a tomar $z(t) = t$, lo que nos lleva a que $x(t) = y(t) = \sqrt{\frac{t^2+1}{2}}$ con $t \in \mathbb{R}$. Como para $t = -1$ estamos en el punto $(1, 1, -1)$ y para $t = 1$ en

$(1,1,1)$, entonces el arco Γ se parametriza como $\gamma(t) = \left(\sqrt{\frac{t^2+1}{2}}, \sqrt{\frac{t^2+1}{2}}, t\right)$ con $-1 \leq t \leq 1$.

Ahora calculamos la integral de línea pedida.

$$\int_\Gamma x dx + y dy + x^2 \cos(z) dz$$

$$= \int_{-1}^{1} \left(\sqrt{\frac{t^2+1}{2}} \frac{t}{\sqrt{2}\sqrt{t^2+1}} + \sqrt{\frac{t^2+1}{2}} \frac{t}{\sqrt{2}\sqrt{t^2+1}} + \frac{t^2+1}{2} \cos t \right) dt$$

$$= \int_{-1}^{1} \left(t + \frac{t^2+1}{2} \cos t \right) dt = \int_{-1}^{1} \frac{t^2}{2} \cos t dt = 2\cos(1),$$

donde la última integral la hemos hecho por partes dos veces.

Ejercicio 7

Calcula $\int_\gamma x^2 dy$, donde $\gamma(t) = (\cos t, \sin t)$ con $0 \leq t \leq 2\pi$. ¿Es conservativo el campo $F(x,y) = (0, x^2)$, $(x,y) \in \mathbb{R}^2$?

Solución.
Tenemos que

$$\int_\gamma x^2 dy = \int_0^{2\pi} \cos^3 t \; dt = \int_0^{2\pi} \cos t (1 - \sin^2 t) dt = -\int_0^{2\pi} \sin^2 t \cos t dt$$

$$= -\frac{1}{3} \left[\sin^3 t \right]_0^{2\pi} = 0.$$

Para poder asegurar que F es conservativo se debería cumplir que $\int_\mathcal{C} F d\mathcal{C} = 0$ para *cualquier* curva cerrada $\mathcal{C}$ contenida en el dominio de F, no basta que se cumpla para una curva concreta. De hecho, el campo F no es conservativo porque $\frac{\partial P}{\partial y} = 0$ pero $\frac{\partial Q}{\partial x} = 2x$.

Ejercicio 8

Un alambre está enrollado alrededor del cilindro $x^2 + y^2 = a^2$, dando tres vueltas desde el punto $(a, 0, 0)$ al punto $(a, 0, 5)$.

a) Da la parametrización de una curva que represente el alambre.
b) Calcula su masa si su densidad viene dada por $\rho(x, y, z) = z$.
c) Calcula el trabajo que realiza la fuerza $F(x, y, z) = (-y, x, z)$ para desplazar un objeto a lo largo del alambre.

Solución.

a) Para que $\gamma(t) = (x(t), y(t), z(t))$ esté en el cilindro debe cumplir la ecuación del cilindro $x(t)^2 + y(t)^2 = a^2$, por lo que podemos tomar

$$\begin{cases} x(t) = a\cos t \\ y(t) = a\sin t \end{cases}$$

Para dar tres vueltas, el parámetro t debe variar entre 0 y $3 \cdot 2\pi$. Como $z(t)$ tiene que variar desde 0 a 5 cuando $0 \leq t \leq 6\pi$, podemos tomar $z(t) = \frac{5t}{6\pi}$. Por tanto,

$$\gamma(t) = \left(a\cos t, a\sin t, \frac{5t}{6\pi}\right)$$

con $0 \leq t \leq 6\pi$.

b) Como $||\gamma'(t)|| = \sqrt{a^2 + \left(\frac{5}{6\pi}\right)^2}$, su masa será

$$\int_0^{6\pi} \rho(\gamma(t))||\gamma'(t)||dt = \int_0^{6\pi} \frac{5t}{6\pi}\sqrt{a^2 + \left(\frac{5}{6\pi}\right)^2}dt = 15\pi\sqrt{a^2 + \left(\frac{5}{6\pi}\right)^2}.$$

c) Como $F(\gamma(t)) \cdot \gamma'(t) = a^2 + \left(\frac{5}{6\pi}\right)^2 t$, el trabajo es

$$\int_0^{6\pi} \left(a^2 + \left(\frac{5}{6\pi}\right)^2 t\right) dt = 6a^2\pi + \frac{25}{2}.$$

3.2. FUNCIÓN POTENCIAL

Ejercicio 1

Calcula

$$\int_\gamma (y - \sin(x-y) - xe^y)dx + (x + \sin(x-y) - \frac{1}{2}x^2e^y + y)dy,$$

donde $\gamma(t) = ((1+t^2)\cos t, t\sin t)$ con $0 \leq t \leq \frac{\pi}{2}$.

Solución.
Vamos a intentar determinar la integral de línea pedida en el enunciado mediante el cálculo de una función potencial. Esta estrategia de solución solo es viable si el campo vectorial que se pretende intregrar sobre la curva γ es conservativo. Para averiguarlo, llamamos $P(x,y) = y - \sin(x-y) - xe^y$ y $Q(x,y) = x + \sin(x-y) - \frac{1}{2}x^2e^y + y$. Entonces,

$$\frac{\partial Q(x,y)}{\partial x} = 1 + \cos(x-y) - xe^y,$$
$$\frac{\partial P(x,y)}{\partial y} = 1 + \cos(x-y) - xe^y.$$

Como $\frac{\partial Q(x,y)}{\partial x} = \frac{\partial P(x,y)}{\partial y}$ y el dominio de definición de este campo es $\mathbb{R}^2$ (que es convexo), se trata de un campo conservativo. Vamos a calcular una función potencial para dicho campo. Como $\frac{\partial \Phi(x,y)}{\partial x} = P(x,y)$, entonces

$$\Phi(x,y) = \int P(x,y)dx + A(y) = xy + \cos(x-y) - \frac{1}{2}x^2e^y + A(y)$$

y por tanto

$$\frac{\partial \Phi(x,y)}{\partial y} = x + \sin(x-y) - \frac{1}{2}x^2e^y + A'(y).$$

Como debe tenerse $\frac{\partial \Phi}{\partial y} = Q$ entonces $A'(y) = y$, con lo que $A(y) = \frac{1}{2}y^2$ y el potencial es

$$\Phi(x,y) = xy + \cos(x-y) - \frac{1}{2}x^2e^y + \frac{1}{2}y^2.$$

Ahora, como $\gamma(0) = (1,0)$ y $\gamma\left(\frac{\pi}{2}\right) = \left(0, \frac{\pi}{2}\right)$ tenemos que

$$\begin{aligned}\int_\gamma (y - \sin(x-y) - xe^y)dx + (x + \sin(x-y) - \frac{1}{2}x^2e^y + y)dy \\ = \Phi\left(\gamma\left(\frac{\pi}{2}\right)\right) - \Phi(\gamma(0)) = -\cos(1) + \frac{\pi^2}{8} + \frac{1}{2}.\end{aligned}$$

Ejercicio 2

Considera el campo de vectores

$$F(x,y) = \left(((x^2 - 3x + 1)y + 2x - 3)e^{xy}, (x^3 - 3x^2 + x)e^{xy}\right).$$

a) Comprueba que es conservativo.
b) Calcula un potencial.
c) Calcula $\int_\gamma F d\gamma$, donde γ es la recta que une los puntos $(1,0)$ y $(2,1)$.

Solución.

a) El campo está definido para todo $\mathbb{R}^2$, que evidentemente es convexo. Si llamamos

$$\begin{aligned}P(x,y) &= ((x^2 - 3x + 1)y + 2x - 3)e^{xy}, \\ Q(x,y) &= (x^3 - 3x^2 + x)e^{xy}\end{aligned}$$

entonces se tiene que

$$\begin{aligned}\frac{\partial P(x,y)}{\partial y} &= ((x^3 - 3x^2 + x)y + 3x^2 - 6x + 1)e^{xy}, \\ \frac{\partial Q(x,y)}{\partial x} &= ((x^3 - 3x^2 + x)y + 3x^2 - 6x + 1)e^{xy},\end{aligned}$$

con lo que F es conservativo.

b) Es más fácil si empezamos integrando y. Como $\frac{\partial \Phi(x,y)}{\partial y} = Q(x,y)$ entonces

$$\Phi(x,y) = \int Q(x,y)dy + A(x) = \frac{(x^3 - 3x^2 + x)\, e^{xy}}{x} + A(x)$$
$$= \left(x^2 - 3x + 1\right) e^{xy} + A(x).$$

Ahora, como se debe cumplir que $\frac{\partial \Phi(x,y)}{\partial x} = P(x,y)$, tenemos que $((x^2-3x+1)y + 2x - 3)e^{xy} + A'(x) = P(x,y)$, de donde obtenemos que $A'(x) = 0$. Por lo tanto, un potencial es

$$\Phi(x,y) = \left(x^2 - 3x + 1\right) e^{xy}.$$

c) Basta evaluar el potencial en el punto final e inicial.

$$\int_\gamma F d\gamma = \Phi(2,1) - \Phi(1,0) = 1 - e^2.$$

Ejercicio 3

Considera el campo de vectores $F(x,y,z) = (2z^2 + y^2, 2xy - z, 4xz - y)$.

a) Comprueba que el gradiente de la función $f(x,y,z) = xy^2 - zy + 2xz^2$ es $F(x,y,z)$.
b) Calcula $\int_\gamma F d\gamma$, donde $\gamma(t) = (t^2 - t + 1, t^3 - t - 1, t^2 - 2t)$ con $0 \leq t \leq 2$.

Solución.

a) Tenemos que

$$\frac{\partial f}{\partial x} = 2z^2 + y^2,$$
$$\frac{\partial f}{\partial y} = 2xy - z,$$
$$\frac{\partial f}{\partial z} = 4xz - y,$$

con lo que el gradiente de f es precisamente F. En otras palabras, f es una función potencial del campo de vectores F.

b) Como F es conservativo y su potencial es justamente f, entonces

$$\int_\gamma F d\gamma = f(\gamma(2)) - f(\gamma(1)) = f(3,5,0) - f(1,-1,0) = 75 - 1 = 74.$$

Ejercicio 4

Considera el campo de vectores

$$F(x,y) = \left(-\frac{y}{x^2+y^2}, \frac{x}{x^2+y^2}\right).$$

a) ¿Cuál es el máximo dominio de definición de F?
b) ¿Es F conservativo en este dominio?
c) ¿Es F conservativo en el dominio $A = \{(x,y) \in \mathbb{R}^2 : x > 0\}$?
d) Calcula $\int_C F dC$ donde C es la circunferencia de radio 2 y centro el origen recorrida en sentido antihorario.
e) Calcula $\int_C F dC$ donde C es la circunferencia de radio 1 y centro $(2,2)$ recorrida en sentido horario.
f) Calcula $\int_\gamma F d\gamma$ donde $\gamma(t) = (1 + \ln(1 + t(1-t)), t)$ con $0 \leq t \leq 1$.

Solución.

a) El campo está definido para cualquier punto excepto cuando $x^2 + y^2 = 0$, es decir, su máximo dominio de definición es $D = \mathbb{R}^2 - \{(0,0)\}$.

b) Si llamamos $P = -\frac{y}{x^2+y^2}$ y $Q = \frac{x}{x^2+y^2}$ entonces tenemos que

$$\begin{aligned} \frac{\partial P}{\partial y} &= \frac{y^2 - x^2}{(x^2+y^2)^2}, \\ \frac{\partial Q}{\partial x} &= \frac{y^2 - x^2}{(x^2+y^2)^2}. \end{aligned}$$

Pero no podemos asegurar que F sea conservativo en el dominio D, porque este dominio no es convexo (ni tampoco simplemente conexo).

c) Como el dominio A es convexo y ya hemos visto antes que $\frac{\partial P}{\partial y} = \frac{\partial Q}{\partial x}$ entonces podemos asegurar que F es conservativo en el dominio A.

d) Parametrizamos $\mathcal{C}$ como $\gamma(t) = (2\cos t, 2\sin t)$ con $0 \leq t \leq 2\pi$. Entonces tenemos

$$\int_{\mathcal{C}} F d\mathcal{C} = \int_0^{2\pi} \left(\frac{-2\sin t \cdot (-2\sin t)}{4\cos^2 t + 4\sin^2 t} + \frac{2\cos t \cdot 2\cos t}{4\cos^2 t + 4\sin^2 t} \right) dt = \int_0^{2\pi} 1 dt$$
$$= 2\pi.$$

e) En este caso $\int_{\mathcal{C}} F d\mathcal{C} = 0$ porque la curva $\mathcal{C}$ es cerrada, está contenida en el dominio A y F es conservativo en este dominio.

f) Sabemos que en el dominio A el campo F es conservativo, por lo que como γ está contenida en A sólo tendremos que calcular un potencial para calcular $\int_\gamma F d\gamma$. Queremos una función $\Phi : A \to \mathbb{R}$ de forma que

$$\frac{\partial \Phi}{\partial x} = -\frac{y}{x^2 + y^2},$$
$$\frac{\partial \Phi}{\partial y} = \frac{x}{x^2 + y^2}.$$

Si empezamos integrando la y,

$$\Phi(x, y) = \int \frac{x}{x^2 + y^2} dy = \frac{1}{x} \int \frac{1}{1 + \left(\frac{y}{x}\right)^2} dx = \arctan\left(\frac{y}{x}\right) + f(x),$$

donde $f(x)$ es cierta función. Si ahora derivamos la x nos queda

$$\frac{\partial \Phi}{\partial x} = \frac{1}{1 + \left(\frac{y}{x}\right)^2} \cdot \frac{-y}{x^2} + f'(x) = -\frac{y}{x^2 + y^2} + f'(x).$$

Si igualamos con la primera ecuación entonces $f'(x) = 0$, por lo que un potencial es $\Phi(x, y) = \arctan\left(\frac{y}{x}\right)$. Por tanto,

$$\int_\gamma F d\gamma = \Phi(\gamma(1)) - \Phi(\gamma(0)) = \Phi(1, 1) - \Phi(1, 0)$$
$$= \arctan(1) - \arctan(0) = \frac{\pi}{4}.$$

Ejercicio 5

Calcula $\int_\gamma \left(e^{x^2}+y\right)dx+(x-y)dy$, donde $\gamma(t)=(t^2-t,t)$ para $0\leq t\leq 1$.

Solución.
Podemos comprobar fácilmente que el campo es conservativo, por lo que podemos calcular un potencial. Sin embargo, si empezamos integrando x nos vamos a encontrar con la integral

$$\int e^{x^2}dx,$$

que no admite una expresión en términos de funciones elementales. Por tanto, empezaremos integrando y. Tenemos que

$$\Phi(x,y)=\int(x-y)dy+A(x)=xy-\frac{1}{2}y^2+A(x).$$

Si derivamos x e igualamos a la primera componente del campo nos queda

$$\begin{aligned}y+A'(x) &= e^{x^2}+y,\\ A'(x) &= e^{x^2}.\end{aligned}$$

Por lo que nos volvemos a encontrar con la integral $\int e^{x^2}dx$. Es decir, no vamos a poder calcular un potencial explícitamente, pero tampoco será necesario. El potencial es

$$\Phi(x,y)=xy-\frac{1}{2}y^2+A(x),$$

donde $A(x)$ es cierta función que no conocemos. Como $\gamma(0)=(0,0)$ y $\gamma(1)=(0,1)$, la integral de línea es

$$\int_\gamma\left(e^{x^2}+y\right)dx+(x-y)dy=\Phi(0,1)-\Phi(0,0)=-\frac{1}{2}+A(0)-A(0)=-\frac{1}{2}.$$

Otra forma de hacerlo es observar que, como el campo es conservativo, la integral de línea no depende del camino. Podemos elegir otro camino más sencillo con el mismo punto inicial y final que γ para calcular la integral. Si tomamos $\alpha(t) = (0, t)$ con $0 \leq t \leq 1$, entonces tenemos

$$\int_\gamma \left(e^{x^2} + y\right) dx + (x - y)dy = \int_\alpha \left(e^{x^2} + y\right) dx + (x - y)dy = \int_0^1 -tdt = -\frac{1}{2}.$$

Ejercicio 6

Comprueba que el campo

$$F(x, y, z) = \left(yz + ye^{xy}, -z^2 + xz + xe^{xy} + 2y, -2yz + xy + 1\right)$$

es conservativo y calcula un potencial.

Solución.
Llamamos $P(x, y, z) = yz+ye^{xy}$, $Q(x, y, z) = -z^2+xz+xe^{xy}+2y$ y $R(x, y, z) = -2yz + xy + 1$. Tenemos que

$$\frac{\partial P}{\partial y} = z + xye^{xy} + e^{xy} = \frac{\partial Q}{\partial x},$$
$$\frac{\partial P}{\partial z} = y = \frac{\partial R}{\partial x},$$
$$\frac{\partial Q}{\partial z} = x - 2z = \frac{\partial R}{\partial y}.$$

Como el dominio de definición del campo es $\mathbb{R}^3$, que es convexo, el campo es conservativo. Vamos a calcular un potencial.

$$\Phi(x, y, z) = \int P(x, y, z)dx + A(y, z) = xyz + e^{xy} + A(y, z).$$

Como

$$\begin{aligned}\frac{\partial \Phi(x,y,z)}{\partial y} &= Q(x,y,z),\\ xz + xe^{xy} + \frac{\partial A(y,z)}{\partial y} &= -z^2 + xz + xe^{xy},\\ \frac{\partial A(y,z)}{\partial y} &= -z^2,\end{aligned}$$

tenemos que $A(y,z) = -yz^2 + B(z)$ y por tanto $\Phi(x,y,z) = xyz + e^{xy} - yz^2 + B(z)$. Si ahora derivamos z nos queda

$$\begin{aligned}\frac{\partial \Phi(x,y,z)}{\partial z} &= R(x,y,z),\\ xy - 2yz + B'(z) &= -2yz + xy + 1,\\ B'(z) &= 1,\end{aligned}$$

con lo que $B(z) = z$ y el potencial es $\Phi(x,y,z) = xyz + e^{xy} - yz^2 + z$.

Ejercicio 7

Calcula $\int_\gamma \left(e^{x^2} + y\right) dx + (x + \cos(y^2))\, dy + \ln z \; dz$ donde $\gamma(t) = (t^2 - t, \sin(\pi t), 1 + t^2)$ para $0 \le t \le 1$.

Solución.
El dominio de definición del campo es $D = \{(x,y,z) \in \mathbb{R}^3 : z > 0\}$, que es un conjunto convexo. Si llamamos

$$\begin{aligned}P(x,y,z) &= e^{x^2} + y\\ Q(x,y,z) &= x + \cos(y^2)\\ R(x,y,z) &= \ln z\end{aligned}$$

se comprueba fácilmente que $\frac{\partial P}{\partial y} = \frac{\partial Q}{\partial x}$, $\frac{\partial P}{\partial z} = \frac{\partial R}{\partial x}$ y $\frac{\partial Q}{\partial z} = \frac{\partial R}{\partial y}$, por lo que el campo es conservativo. En lugar de calcular un potencial, vamos a tomar un camino más fácil que una los puntos del espacio $\gamma(0) = (0,0,1)$ y $\gamma(1) = (0,0,2)$. Por ejemplo, tomamos $\alpha(t) = (0,0,t)$ con $1 \le t \le 2$. Entonces

$$\int_\gamma \left(e^{x^2}+y\right)dx+\left(x+\cos(y^2)\right)dy+\ln z\ dz$$
$$=\int_\alpha \left(e^{x^2}+y\right)dx+\left(x+\cos(y^2)\right)dy+\ln z\ dz$$
$$=\int_1^2 \ln t\ dt=[t\ln t-t]_1^2=2\ln 2-1,$$

donde esta última integral la hemos hecho por partes.

3.3. TEOREMA DE GREEN-RIEMANN

Ejercicio 1

Dado el campo vectorial $F(x,y)=(xy,x)$ calcula la integral de línea $\int_\gamma F d\gamma$, donde γ es la curva que se muestra en la figura recorrida en sentido horario, usando el teorema de Green-Riemann.

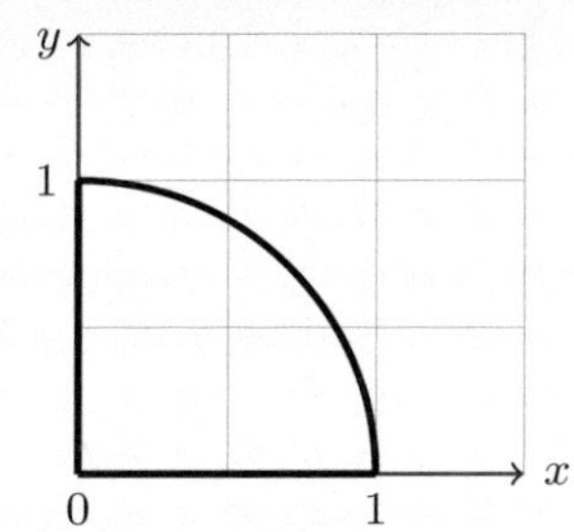

Solución.
La integral de línea en sentido positivo (anti-horario) viene dada por

$$\int\int_D \left(\frac{\partial Q}{\partial x}-\frac{\partial P}{\partial y}\right)dxdy=\int\int_D (1-x)\,dxdy$$

Calculamos esta integral doble mediante un cambio a coordenadas polares, esto es:

$$\begin{cases} x=r\ \cos t\\ y=r\ \sin t\end{cases}$$

con $0\le t\le \frac{\pi}{2}$ y $0\le r\le 1$, siendo r el jacobiano del cambio. Así pues:

$$\int\int_D \left(\frac{\partial Q}{\partial x} - \frac{\partial P}{\partial y}\right) dxdy = \int_0^{\frac{\pi}{2}} \int_0^1 r(1 - r\cos t)drdt = \int_0^{\frac{\pi}{2}} \left(\frac{1}{2} - \frac{1}{3}\cos t\right) dt$$
$$= \frac{\pi}{4} - \frac{1}{3}.$$

Luego la integral de línea cuando se recorre la curva en sentido horario es $\frac{1}{3} - \frac{\pi}{4}$ (simplemente hemos de cambiar el signo de la integral).

Ejercicio 2

Calcula

$$\int_C (y^4 + xy)\, dx + \frac{1}{2}x^2 dy,$$

donde C es la curva recorrida en sentido positivo formada por el arco de $x^2 + y^4 = 1$ que va desde $(1,0)$ a $(0,1)$ junto con los segmentos que une los puntos anteriores con el origen de coordenadas.

Solución.
Usando el teorema de Green-Riemann, la integral de línea pedida es

$$\int\int_D (x - 4y^3 - x)\, dxdy = -\int_0^1 \int_0^{\sqrt{1-y^4}} 4y^3\, dxdy = -\int_0^1 4y^3\sqrt{1-y^4}\, dy$$
$$= \left[\frac{2(1-y^4)^{\frac{3}{2}}}{3}\right]_0^1 = -\frac{2}{3}.$$

Ejercicio 3

Calcula $\int_C \left(y + \frac{\sin x}{x}\right) dx + (2x - y^3)\, dy$, donde C es la circunferencia centrada en el punto $(3,2)$ y de radio 1 recorrida en sentido positivo.

Solución.
Si llamamos D al interior de la circunferencia, como $\frac{\partial Q}{\partial x} - \frac{\partial P}{\partial y} = 1$, la integral de

línea pedida es
$$\int\int_D 1dxdy = \text{Área}(D) = \pi.$$

Ejercicio 4

Comprueba la igualdad del teorema de Green-Riemann con el campo $F(x,y) = (x^2+y, x^2-y)$ y D el dominio interior al triángulo de vértices $A(0,0), B(1,0)$ y $C(1,1)$.

Solución.
El teorema de Green-Riemann asegura que

$$\int\int_D \left(\frac{\partial Q}{\partial x} - \frac{\partial P}{\partial y}\right) dxdy = \int_\gamma F\, d\gamma,$$

donde $F(x,y) = (P(x,y), Q(x,y))$ y γ es el borde de D recorrido en sentido positivo (esto es, anti-horario).

Vamos a calcular la primera parte. Como $\frac{\partial Q}{\partial x} - \frac{\partial P}{\partial y} = 2x - 1$ y la recta que une los vértices A y C tiene como ecuación $y = x$, entonces

$$\int\int_D \left(\frac{\partial Q}{\partial x} - \frac{\partial P}{\partial y}\right) dxdy = \int_0^1 \int_0^x (2x-1)dydx = \int_0^1 (2x^2 - x)dx = \frac{1}{6}.$$

Ahora calculamos la segunda parte para comprobar que obtenemos lo mismo. Tenemos que parametrizar el borde del triángulo en sentido positivo (anti-horario). Para ello, parametrizamos cada lado por separado.

El lado AB lo parametrizamos como $\gamma_1(t) = (t, 0)$, $0 \leq t \leq 1$, con lo que

$$\int_{\gamma_1} F d\gamma_1 = \int_0^1 F(\gamma_1(t)) \cdot \gamma_1'(t)dt = \int_0^1 t^2 dt = \frac{1}{3}.$$

El lado BC lo parametrizamos como $\gamma_2(t) = (1, t)$, $0 \leq t \leq 1$, con lo que

$$\int_{\gamma_2} F d\gamma_2 = \int_0^1 F(\gamma_2(t)) \cdot \gamma_2'(t)dt = \int_0^1 (1-t)dt = \frac{1}{2}.$$

Por último, el lado CA lo parametrizamos como $\gamma_3(t) = tA + (1-t)C = (1-t, 1-t)$, $0 \leq t \leq 1$ (nótese que recorremos γ_3 desde C a A), con lo que

$$\int_{\gamma_3} F d\gamma_3 = \int_0^1 F(\gamma_3(t)) \cdot \gamma_3'(t) dt = -2\int_0^1 (1-t)^2 dt = \frac{1}{2} = -\frac{2}{3}.$$

Por tanto,

$$\int_{\gamma} F d\gamma = \int_{\gamma_1} F d\gamma_1 + \int_{\gamma_2} F d\gamma_2 + \int_{\gamma_3} F d\gamma_3 = \frac{1}{3} + \frac{1}{2} - \frac{2}{3} = \frac{1}{6}.$$

Ejercicio 5

Calcula $\int_\gamma F d\gamma$ donde $F(x,y) = (y + \sin(x^2), y - x)$ y γ es la semicircunferencia $x^2 + (y-1)^2 = 1$ contenida en $x \geq 0$ recorrida en sentido negativo.

Solución.
Si llamamos $P(x,y) = y + \sin(x^2)$ y $Q(x,y) = y - x$ entonces tenemos

$$\frac{\partial Q}{\partial x} = -1, \quad \frac{\partial P}{\partial y} = 1,$$

con lo que el campo no es conservativo. Si intentamos hacer la integral de línea directamente, entonces obtendremos una integral complicada. La única opción que nos queda es usar el Teorema de Green-Riemann inteligentemente. En concreto, usaremos dicho teorema para calcular $\int_\alpha F d\alpha$, donde α es la curva formada por la semicircunferencia y el segmento del eje Y que une cada extremo de dicha semicircunferencia, es decir, los puntos $(0,0)$ y $(0,2)$.

Si consideramos α recorrida en sentido positivo, entonces

$$\int_\alpha F d\alpha = \int\int_D \left(\frac{\partial Q}{\partial x} - \frac{\partial P}{\partial y}\right) dxdy = -2\int\int_D dxdy = -2 \cdot \text{Área}(D) = -\pi,$$

ya que el área de la semicircunferencia es $\frac{\pi}{2}$.

Ahora,

$$-\int_{\alpha} F d\alpha = \int_{\gamma} F d\gamma + \int_{C} F dC,$$

donde C es el segmento que une $(0,0)$ y $(0,2)$. Parametrizamos dicho segmento como $C(t) = (0,t)$, con $0 \leq t \leq 2$, y calculamos esta última integral de línea como

$$\int_{C} F dC = \int_{0}^{2} F(0,t) \cdot (0,1) dt = \int_{0}^{2} t\, dt = 2.$$

Luego

$$\int_{\gamma} F d\gamma = \pi - 2.$$

Ejercicio 6

Sea D el dominio comprendido entre la circunferencia de centro $(0,1)$ y radio 1 y la de centro $(0,2)$ y radio 2.

a) Calcula, usando una integral doble, el área de D.

b) Calcula $\int_C \left(e^{x^2} - y^3\right) dx + \left(e^{y^2} + x^3\right) dy$, donde C es la curva frontera de D orientada positivamente.

Solución.

Las circunferencias tienen ecuaciones $x^2 + (y-1)^2 = 1$ y $x^2 + (y-2)^2 = 4$, es decir,

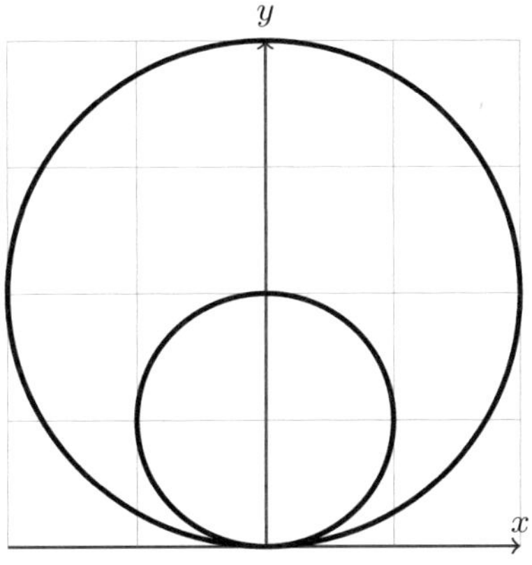

$$x^2 + y^2 = 2y,$$
$$x^2 + y^2 = 4y$$

respectivamente. Si tomamos coordenadas polares

$$\begin{cases} x = r\cos\theta \\ y = r\sin\theta \end{cases}$$

cuando nos movemos dentro de D, el ángulo θ varía desde 0 a π.

Fijado un ángulo, la distancia al origen de los puntos que están en D varía desde la circunferencia pequeña a la grande. Para saber el valor de r en este caso, sustituimos el cambio de variable en las ecuaciones de las circunferencias y nos queda

$$r^2 = 2r\sin\theta,$$
$$r^2 = 4r\sin\theta.$$

Despejando r, nos queda que r varía desde $2\sin\theta$ a $4\sin\theta$. El área pedida es entonces

$$\int_0^{\pi}\int_{2\sin\theta}^{4\sin\theta} r\,dr\,d\theta = 6\int_0^{\pi}\sin^2\theta\,d\theta = 3\int_0^{\pi}(1-\cos 2\theta)\,d\theta = 3\left[\theta - \frac{\sin 2\theta}{2}\right]_0^{\pi} = 3\pi.$$

Para el segundo apartado aplicamos el teorema de Green y nos queda que la integral pedida es

$$\int\int_D (3x^2+3y^2)\,dx\,dy = 3\int_0^{\pi}\int_{2\sin\theta}^{4\sin\theta} r^3\,dr\,d\theta = 180\int_0^{\pi}\sin^4\theta\,d\theta$$
$$= 360\int_0^{\frac{\pi}{2}}\sin^4\theta\,d\theta = 180\cdot Be\left(\frac{5}{2},\frac{1}{2}\right) = 180\frac{\Gamma\left(\frac{5}{2}\right)\Gamma\left(\frac{1}{2}\right)}{\Gamma(3)} = \frac{135\pi}{2},$$

donde Be y Γ representan a la función beta y gamma respectivamente.

4. INTEGRALES DOBLES

4.1. CÁLCULO DE INTEGRALES DOBLES

Ejercicio 1

Calcula $\int\int_D xy dx dy$ donde D es el dominio limitado por las rectas $y = 0$, $y = x$, e $y = 2 - x$.

Solución.

Podemos describir la región D como

$$D := \{(x, y) \in \mathbb{R}^2 : 0 \le y \le 1, \ \ y \le x \le 2 - y\}$$

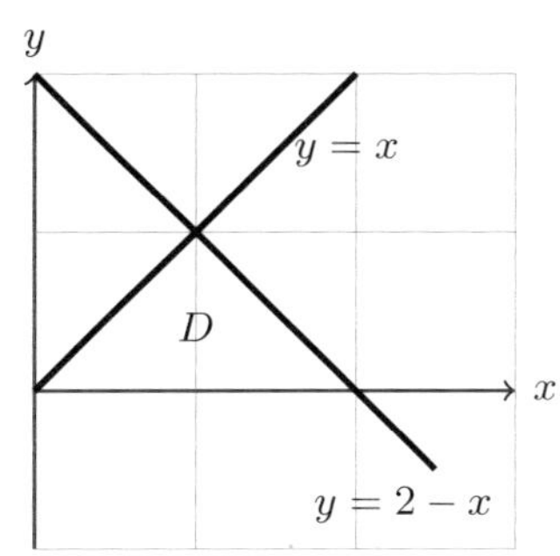

y consecuentemente, la integral pedida vendrá dada por (hemos de poner primero los límites de integración de y)

$$\int_0^1 \int_y^{2-y} xy\, dx dy = \int_0^1 \left[\frac{1}{2}x^2 y\right]_y^{2-y} dy$$
$$= \int_0^1 \frac{1}{2}y((2-y)^2 - y^3)\, dy = \frac{1}{3}.$$

Alternativamente, también podemos describir la región D como

$$\begin{aligned} D := & \{(x, y) \in \mathbb{R}^2 : 0 \le x \le 1, \ \ y \le x, \ \ y \le 2 - x\} \\ & = \{(x, y) \in \mathbb{R}^2 : 0 \le x \le 1, \ 0 \le y \le x\} \\ & \cup \{(x, y) \in \mathbb{R}^2 : 1 < x \le 2, \ 0 \le y \le 2 - x\}. \end{aligned}$$

En este caso, hemos de dividir la integral en dos trozos y poner primero los límites de integración de x, esto es:

$$\int\int_D xydxdy = \int_0^1 \int_0^x xy\,dydx + \int_1^2 \int_0^{2-x} xy\,dydx = \int_0^1 \left[\frac{1}{2}xy^2\right]_0^x dx$$
$$+\int_1^2 \left[\frac{1}{2}xy^2\right]_0^{2-x} dx = \int_0^1 \frac{1}{2}x^3 dx + \int_1^2 \frac{1}{2}x(2-x)^2 dx = \frac{1}{3}.$$

Ejercicio 2

Calcula $\int\int_D (x^2 - y^2)\,dxdy$, donde D es el dominio limitado por las curvas $y = x^2$, $y = x^4$.

Solución.

Calculamos, en primer lugar, los puntos de intersección de las curvas:

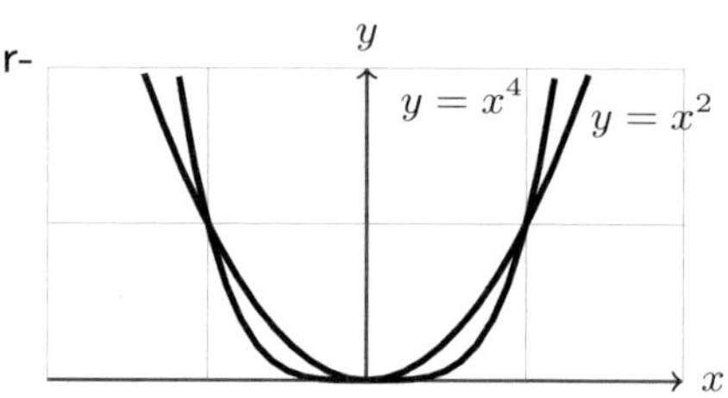

$$x^2 = x^4 \Rightarrow x^2(1-x^2) = 0 \Rightarrow \begin{cases} x = 0 \text{ (doble)} \\ x = 1 \\ x = -1 \end{cases}$$

Por tanto, las curvas se cortan en los puntos $(-1,1), (0,0)$ y $(1,1)$. Así pues,

$$\int\int_D (x^2 - y^2)\,dxdy = \int_{-1}^1 \int_{x^4}^{x^2} (x^2 - y^2)\,dydx = \frac{32}{455}.$$

Ejercicio 3

Dada la integral doble

$$I = \int_0^1 \int_y^1 \sin(x^2) dxdy$$

representa el dominio de integracion y calcula el valor de I.

Solución.

La variable y va de 0 a 1 y, fijado un valor de y, la variable x va desde 0 hasta y, es decir, desde el eje x a la recta $y = x$. Por tanto, el dominio donde estamos integrando es el triángulo representado en la figura.

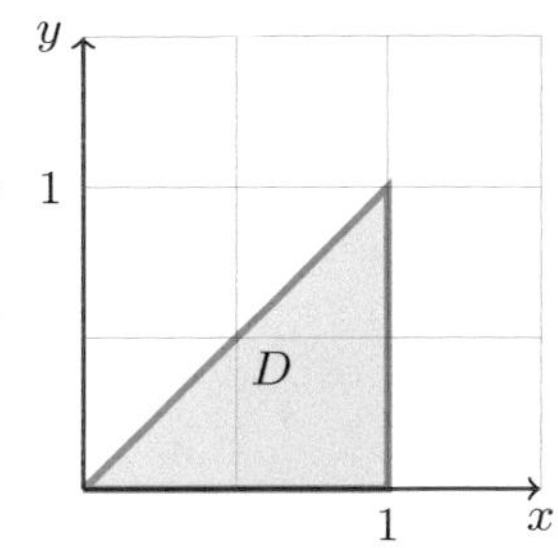

Como no podemos calcular una primitiva de $\sin(x^2)$ vamos a cambiar el orden de integración.

$$I = \int_0^1 \int_0^x \sin(x^2) dy dx = \int_0^1 \left[y \sin(x^2)\right]_0^x dx$$
$$= \int_0^1 x \sin(x^2) dx = \left[-\frac{\cos(x^2)}{2}\right]_0^1 = \frac{1}{2} - \frac{\cos(1)}{2}.$$

Ejercicio 4

Calcula $\int\int_D xy\cos(x^2)dxdy$ donde D es el dominio en el primer cuadrante limitado por $y = 1$, $y = x^2$ y $x = 0$.

Solución.

Si ponemos primero los límites de integración de la x (que vienen dados por $x = 0$ y la intersección entre $y = x^2$ y $y = 1$, con $x \geq 0$) nos queda

$$\int_0^1 \int_{x^2}^1 xy \cos(x^2) dy dx = \frac{1}{2} \int_0^1 \left[xy^2 \cos(x^2)\right]_{x^2}^1 dx$$
$$= \frac{1}{2} \int_0^1 (x \cos(x^2) - x^5 \cos(x^2)) dx$$

que es una integral definida un tanto farragosa de calcular. Por tanto, es más conveniente poner primero los límites de integración de la y.

$$\int_0^1 \int_0^{\sqrt{y}} xy\cos(x^2)dxdy = \int_0^1 \left[\frac{1}{2}y\sin(x^2)\right]_0^{\sqrt{y}} dy = \frac{1}{2}\int_0^1 y\sin y dy$$
$$= \frac{1}{2}\left[y\cos y - \sin y\right]_0^1 = \frac{\sin 1 - \cos 1}{2},$$

donde esta última integral la hemos hecho por partes.

Ejercicio 5

Calcula $\int\int_D xe^{-\frac{x^2}{y}}dxdy$, donde D es el recinto limitado en el primer cuadrante por las rectas $y = 1$, $y = 2$, $x = 0$ y la parábola $y = x^2$.

Solución.

Para facilitar el cálculo de la integral, integraremos primero con respecto a la variable x. Para ello, nótese que en el recinto D, cuando la variable y "se mueve" entre 1 y 2, la variable x lo hace entre 0 y $\sqrt{y}$. Así pues, tenemos:

$$\int_1^2 \int_0^{\sqrt{y}} xe^{-\frac{x^2}{y}}dxdy = \int_1^2 \left[-\frac{y}{2}e^{-\frac{x^2}{y}}\right]_0^{\sqrt{y}} dy =$$
$$= \int_1^2 \left(-\frac{y}{2}e^{-1} + \frac{y}{2}\right) dy = \frac{3}{4}\left(1 - e^{-1}\right).$$

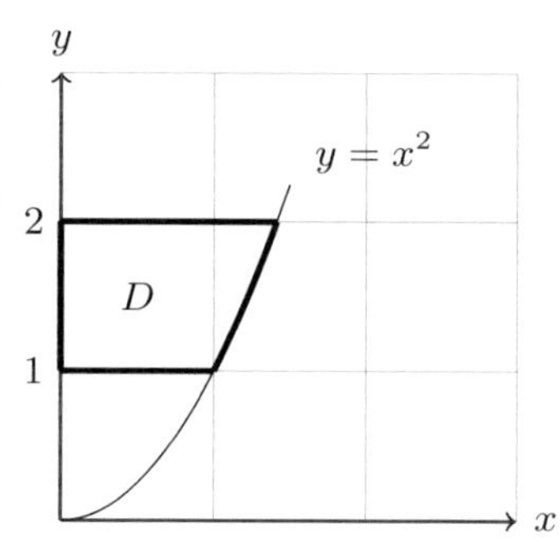

4.2. CAMBIOS DE VARIABLE.

Ejercicio 1

Calcula $\int\int_D \frac{1}{1+x^2+y^2}dxdy$ donde D es

a) $D = \{(x,y) \in \mathbb{R}^2 : 0 \leq y \leq x,\ x^2 + y^2 \leq 1\}$.

b) $D = \{(x,y) \in \mathbb{R}^2 : 0 \leq y \leq mx,\ x^2 + y^2 \leq 1\}$ para $m > 0$.

Solución.

a) El dominio D es el primer octavo de circunferencia unidad en el primer cuadrante, por lo que si hacemos un cambio a coordenadas polares está claro que el ángulo varía de 0 a $\frac{\pi}{4}$. Por tanto,

$$\int\int_D \frac{1}{1+x^2+y^2}dxdy = \int_0^{\frac{\pi}{4}}\int_0^1 \frac{r}{1+r^2}drd\theta = \frac{\pi}{4}\int_0^1 \frac{r}{1+r^2}dr$$
$$= \frac{\pi}{8}\left[\ln(1+r^2)\right]_0^1 = \frac{\pi}{8}\ln 2.$$

b) En este caso el dominio es la porción de circunferencia en el primer cuadrante que abarca el ángulo $\alpha \in [0, \frac{\pi}{2})$ tal que $\tan\alpha = m$. Igual que antes, la integral pedida será $\frac{\alpha}{2}\ln 2$.

Ejercicio 2

Dado D el dominio interior a la circunferencia $x^2 + (y-2)^2 = 4$, calcula:

a) $\int\int_D (x^2+y^2)dxdy$.
b) $\int\int_D (x^2+y^2)^p\, dxdy$ con $p > -1$.

Solución.

a) Vamos a calcular la integral pedida de dos formas distintas. Primero usaremos un cambio a polares sin desplazar y después lo haremos con un cambio a polares desplazadas. Cada método tiene sus ventajas e inconvenientes.

Tomamos primero el cambio

$$\begin{cases} x = r\cos t \\ y = r\sin t \end{cases}$$

Con este cambio, el ángulo t varía desde 0 a π. Para calcular los límites de integración de r desarrollamos la ecuación de la circunferencia $x^2+(y-2)^2 =$

4 y nos queda $x^2 + y^2 - 4y = 0$. Ahora sustituimos el cambio anterior en esta ecuación y obtenemos

$$\begin{aligned} r^2\cos^2 t + r^2\sin^2 t - 4r\sin t &= 0, \\ r^2 - 4r\sin t &= 0, \\ r &= 4\sin t. \end{aligned}$$

Por tanto, r varía desde 0 a $4\sin t$ (téngase en cuenta que $\sin t$ es positivo para $0 \leq t \leq \pi$). La integral pedida será entonces

$$\begin{aligned} \int\int_D (x^2+y^2)dxdy &= \int_0^{\pi}\int_0^{4\sin t} r(r^2\cos^2 t + r^2\sin^2 t)drdt \\ &= \int_0^{\pi}\int_0^{4\sin t} r^3 drdt = \int_0^{\pi}\left[\frac{1}{4}r^4\right]_0^{4\sin t} dt = 4^3\int_0^{\pi}\sin^4 t\ dt \\ &= 2\cdot 4^3\int_0^{\frac{\pi}{2}}\sin^4 t\ dt = 4^3 Be\left(\frac{5}{2},\frac{1}{2}\right) = 4^3\frac{\Gamma\left(\frac{5}{2}\right)\Gamma\left(\frac{1}{2}\right)}{\Gamma(3)} \\ &= \frac{4^3}{2}\frac{3}{2}\Gamma\left(\frac{3}{2}\right)\Gamma\left(\frac{1}{2}\right) = \frac{4^3}{2}\frac{3}{2}\frac{1}{2}\Gamma\left(\frac{1}{2}\right)^2 = 24\pi, \end{aligned}$$

donde, como siempre, Be y Γ denotan la función beta y gamma respectivamente.

Ahora vamos a hacer la integral tomando el cambio a polares desplazado.

$$\begin{cases} x = r\cos t \\ y = 2 + r\sin t \end{cases}$$

En este caso, la distancia r y el ángulo t están ambos medidos desde el centro de la circunferencia de centro $(0,2)$ y radio 2, por lo que la integral pedida es

$$\begin{aligned} \int\int_D (x^2+y^2)dxdy &= \int_0^{2\pi}\int_0^{2} r(r^2\cos^2 t + (2 + r\sin t)^2)drdt \\ = \int_0^{2\pi}\int_0^{2}\left(r^3 + 4r + 4r^2\sin t\right)drdt &= \int_0^{2}\left(2\pi r^3 + 8\pi r\right)dr = 24\pi. \end{aligned}$$

b) En este caso si hacemos un cambio a polares desplazadas nos sale una integral complicada, por lo que usaremos un cambio a polares corriente. Igual que antes, la integral nos quedará

$$\begin{aligned}\int\int_D (x^2+y^2)^p\,dxdy &= \int_0^{\pi}\int_0^{4\sin t} r^{2p+1}drdt = \frac{1}{2p+2}\int_0^{\pi}\left[r^{2p+2}\right]_0^{4\sin t}dt\\ &= \frac{4^{2p+2}}{2p+2}\int_0^{\pi}\sin^{2p+2}t\;dt = \frac{4^{2p+2}}{2p+2}2\int_0^{\frac{\pi}{2}}\sin^{2p+2}t\;dt\\ &= \frac{4^{2p+2}}{2p+2}Be\left(\frac{2p+3}{2},\frac{1}{2}\right).\end{aligned}$$

Ejercicio 3

Calcula $\int\int_D (x^2+y^2)\,dxdy$ donde D es el dominio en el primer cuadrante limitado por el cuadrado de vértices $(0,0)$ y $(1,1)$ y la circunferencia $(x-1)^2+y^2=1$.

Solución.
Dividimos la integral en dos partes

$$\int\int_D (x^2+y^2)\,dxdy = \int\int_{D_1}(x^2+y^2)\,dxdy + \int\int_{D_2}(x^2+y^2)\,dxdy.$$

La primera la calculamos directamente.

$$\int\int_{D_1}(x^2+y^2)\,dxdy = \int_0^1\int_0^1 (x^2+y^2)\,dxdy = \int_0^1\left(\frac{1}{3}+y^2\right)dy = \frac{2}{3}.$$

Para la segunda, hacemos un cambio a coordenadas polares desplazadas.

$$\begin{cases} x = 1 + r\cos t\\ y = r\sin t\end{cases}$$

siendo r el jacobiano del cambio. Nos queda entonces

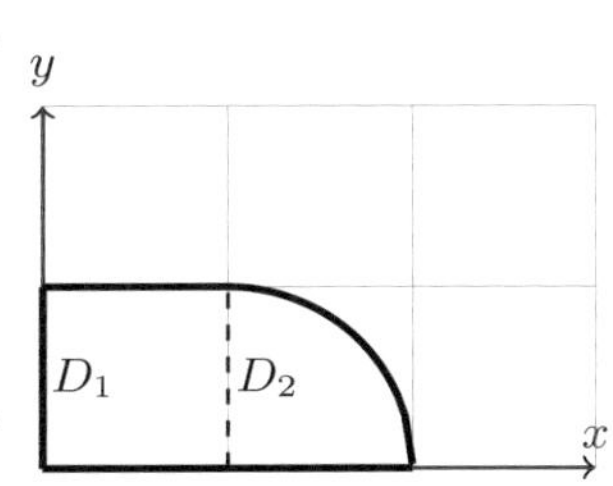

$$\int\int_{D_1} (x^2+y^2)\,dxdy = \int_0^{\frac{\pi}{2}}\int_0^1 r\left((1+r\cos t)^2 + r^2\sin^2 t\right) drdt$$
$$= \int_0^{\frac{\pi}{2}}\int_0^1 r\left(1+r^2+2r\cos t\right) drdt = \int_0^{\frac{\pi}{2}}\left(\frac{3}{4}+\frac{2}{3}\cos t\right) dt = \frac{9\pi+16}{24}.$$

Por tanto, $\int\int_D (x^2+y^2)\,dxdy = \frac{9\pi+16}{24}+\frac{2}{3}$.

Ejercicio 4

Dado D el dominio en $x \geq 2$ limitado por la circunferencia $(x-2)^2+y^2=4$, calcula.

a) $\int\int_D \frac{x}{x^2+y^2}dxdy$.

b) $\int\int_D \frac{1}{\sqrt{x^2+y^2}}dxdy$.

Solución.

a) Haciendo un cambio a coordenadas polares desplazadas, la función a integrar se complicaría demasiado, aunque los límites de integración serían más fáciles. Por tanto, hacemos un cambio a polares sin desplazar, lo que complicará los límites de integración pero simplificará la función a integrar. Tomamos entonces el cambio

$$\begin{cases} x = r\cos t \\ y = r\sin t \end{cases}$$

siendo r el jacobiano de la transformación.

La circunferencia $(x-2)^2+y^2=4$ se escribe como $x^2+y^2-4x=0$, que en coordenadas polares se traduce en $r=4\cos t$. La recta $x=2$ en coordenadas polares es $r\cos t=2$, es decir, $r=\frac{2}{\cos t}$. Como $\alpha=\frac{\pi}{4}$ (véase dibujo), tenemos que una parametrización de la región D es

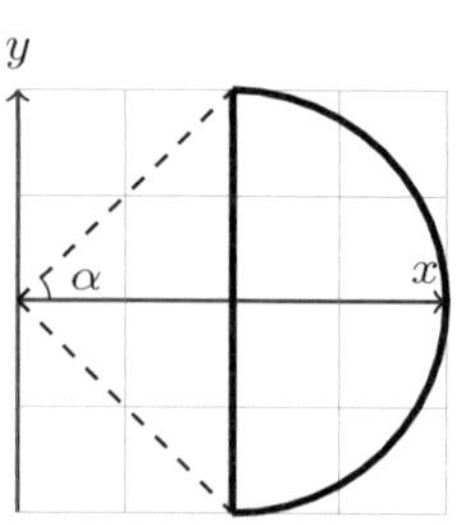

$$D := \{(r,t)\in\mathbb{R}^2 : -\frac{\pi}{4}\leq t\leq\frac{\pi}{4}, \frac{2}{\cos t}\leq r\leq 4\cos t\}.$$

Por tanto,

$$\int\int_D \frac{x}{x^2+y^2}dxdy = \int_{-\frac{\pi}{4}}^{\frac{\pi}{4}} \int_{\frac{2}{\cos t}}^{4\cos t} \cos t\, drdt = 2\int_{-\frac{\pi}{4}}^{\frac{\pi}{4}} (2\cos^2 t - 1)dt$$

$$\underbrace{=}_{\cos^2 t+\sin^2 t=1} 2\int_{-\frac{\pi}{4}}^{\frac{\pi}{4}} (\cos^2 t - \sin^2 t)dt = 2\int_{-\frac{\pi}{4}}^{\frac{\pi}{4}} \cos 2t\, dt = \Big[\sin 2t\Big]_{-\frac{\pi}{4}}^{\frac{\pi}{4}} = 2.$$

b) Haciendo lo mismo que antes, nos queda

$$\int\int_D \frac{1}{\sqrt{x^2+y^2}}dxdy = \int_{-\frac{\pi}{4}}^{\frac{\pi}{4}} \int_{\frac{2}{\cos t}}^{4\cos t} 1\, drdt = \int_{-\frac{\pi}{4}}^{\frac{\pi}{4}} \left(4\cos t - \frac{2}{\cos t}\right) dt$$

$$= 4\left[\sin t\right]_{-\frac{\pi}{4}}^{\frac{\pi}{4}} - 2\int_{-\frac{\pi}{4}}^{\frac{\pi}{4}} \frac{1}{\cos t}dt = 4\sqrt{2} - 2\int_{-\frac{\pi}{4}}^{\frac{\pi}{4}} \frac{1}{\cos t}dt.$$

Para calcular una primitiva de $\frac{1}{\cos t}$ multiplicamos y dividimos por $\cos t$ y hacemos un cambio de variable.

$$\int \frac{1}{\cos t}dt = \int \frac{\cos t}{1-\sin^2 t}dt \underbrace{=}_{x=\sin t} \int \frac{1}{1-x^2}dx = \operatorname{atanh} x = \operatorname{atanh} \sin t.$$

Otra forma de calcular una primitiva $\int \frac{1}{1-x^2}dx$ es descomponer $\frac{1}{1-x^2}$ en fracciones simples, lo que nos da

$$\int \frac{1}{1-x^2}dx = \frac{1}{2}\int \frac{1}{1+x} + \frac{1}{1-x}dx = \frac{1}{2}\left(\ln(1+x) - \ln(1-x)\right)$$

$$= \ln\sqrt{\frac{1+x}{1-x}}.$$

Aunque no lo parezca a primera vista, obtenemos la misma primitiva que antes ya que se cumple que $\operatorname{atanh} x = \ln\sqrt{\frac{1+x}{1-x}}$. Para comprobarlo basta verificar que ambas funciones tienen la misma derivada.

Por tanto, la integral pedida es

$$4\sqrt{2} - 2\left[\ln\sqrt{\frac{1+\sin t}{1-\sin t}}\right]_{-\frac{\pi}{4}}^{\frac{\pi}{4}} = 4\sqrt{2} - \left[\ln\frac{1+\sin t}{1-\sin t}\right]_{-\frac{\pi}{4}}^{\frac{\pi}{4}}$$

$$= 4\sqrt{2} - \ln\frac{\sqrt{2}+1}{\sqrt{2}-1} + \ln\frac{\sqrt{2}-1}{\sqrt{2}+1} = 4\sqrt{2} + 2\ln\frac{\sqrt{2}-1}{\sqrt{2}+1}.$$

También podemos calcular $\int \frac{1}{\cos t} dt$ usando el cambio de variable estándar para integrales trigonométricas. Si llamamos $x = \tan \frac{t}{2}$ entonces

$$\begin{cases} dx & = \left(1+\tan^2 \frac{t}{2}\right) \frac{1}{2} dt = \frac{1+x^2}{2} dt \\ \cos t & = \cos 2\frac{t}{2} = \cos^2 \frac{t}{2} - \sin^2 \frac{t}{2} = \frac{\cos^2 \frac{t}{2} - \sin^2 \frac{t}{2}}{\cos^2 \frac{t}{2} + \sin^2 \frac{t}{2}} = \frac{1-x^2}{1+x^2} \end{cases}$$

Luego

$$\int \frac{1}{\cos t} dt = \int \frac{1+x^2}{1-x^2} \frac{2}{1+x^2} dx = 2 \int \frac{1}{1-x^2} dx = \ln \frac{1+x}{1-x} = \ln \frac{1+\tan \frac{t}{2}}{1-\tan \frac{t}{2}}$$
$$= \ln \sqrt{\frac{1+\sin t}{1-\sin t}}.$$

Ejercicio 5

Considera D la porción de circunferencia $x^2 + y^2 = R^2$ en la región $a \leq x$ con $a < R$. Calcula $\int \int_D \frac{1}{(x^2+y^2)^2} dxdy$ en función de los parámetros a y R.

Solución.
Hacemos un cambio a coordenadas polares

$$\begin{cases} x = r \cos \theta \\ y = r \sin \theta \end{cases}$$

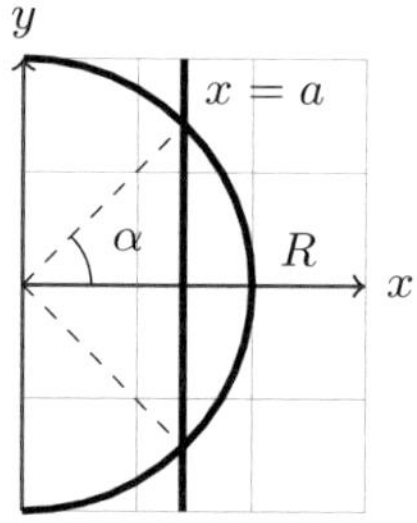

El ángulo θ varía desde $-\alpha$ a α, donde α es un ángulo que cumple $\cos \alpha = \frac{a}{R}$. Para saber cómo varía la distancia r, sustituimos el cambio a polares en la ecuación $x = a$ y despejamos r. Nos queda entonces que $\frac{a}{\cos \theta} \leq r \leq R$. Por tanto,

$$\int \int_D \frac{1}{(x^2+y^2)^2} dxdy = \int_{-\alpha}^{\alpha} \int_{\frac{a}{\cos \theta}}^{R} \frac{1}{r^4} r \, drd\theta = -\frac{1}{2} \int_{-\alpha}^{\alpha} \left(\frac{1}{R^2} - \frac{\cos^2 \theta}{a^2} \right) d\theta$$

Como $\cos^2 \theta = \frac{1+\cos 2\theta}{2}$, lo anterior es

$$-\frac{1}{2} \int_{-\alpha}^{\alpha} \left(\frac{1}{R^2} - \frac{1+\cos 2\theta}{2a^2} \right) d\theta = -\frac{\alpha}{R^2} + \frac{\alpha}{2a^2} + \frac{1}{4a^2} \sin 2\alpha.$$

Como $\sin 2\alpha = 2\cos\alpha \sin\alpha = \frac{2a}{R}\sqrt{1-\frac{a^2}{R^2}}$, la integral pedida en función de a y R es

$$\arccos\left(\frac{a}{R}\right)\left(\frac{1}{2a^2}-\frac{1}{R^2}\right)+\frac{1}{2aR}\sqrt{1-\frac{a^2}{R^2}}.$$

Ejercicio 6

Calcula $\int\int_D \frac{x}{x^2+y^2}dxdy$ donde D es el dominio contenido en la región del primer cuadrante $x^2+y^2\geq 1$ encerrado por las curvas $y=x^2$, $y=x$.

Solución.
La circunferencia unidad se escribe en coordenadas polares como $r=1$ y la parábola como $r=\frac{\sin t}{\cos^2 t}$. Igualando nos queda

$$\begin{aligned} 1 &= \frac{\sin t}{\cos^2 t}, \\ \sin t &= \cos^2 t, \\ \sin t &= 1-\sin^2 t, \\ \sin^2 t+\sin t &= 1. \end{aligned}$$

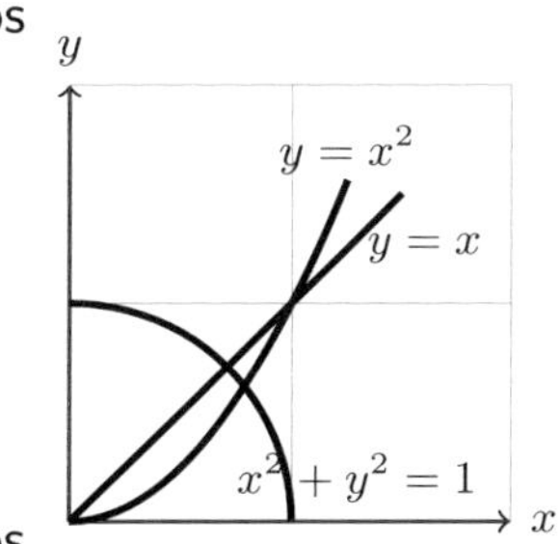

Si llamamos $z=\sin t$, entonces la ecuación anterior nos queda $z^2+z=1$, cuyas soluciones son $\frac{-1\pm\sqrt{5}}{2}$.
Como estamos en el primer cuadrante, el seno no puede ser negativo, por lo que la solución $\frac{-1-\sqrt{5}}{2}$ la desechamos. Si llamamos α al ángulo que cumple $\sin\alpha=\frac{\sqrt{5}-1}{2}$, entonces el punto de corte de la circunferencia y la parábola en coordenadas polares es $(1,\alpha)$. Este punto nos va indicar el límite inferior del ángulo t cuando tomamos un punto en el dominio D. Por otro lado, es claro que el límite superior es $\frac{\pi}{4}$ (el ángulo del punto de corte entre la circunferencia de radio unidad y la recta bisectriz $y=x$).

Fijado un ángulo t, la distancia r al origen varía desde la circunferencia hasta la parábola, es decir, desde 1 hasta $\frac{\sin t}{\cos^2 t}$, por lo que la integral pedida será

$$
\begin{aligned}
\int\int_D \frac{x}{x^2+y^2}dxdy &= \int_\alpha^{\frac{\pi}{4}} \int_1^{\frac{\sin t}{\cos^2 t}} \frac{r\cos t}{r^2} r\, drdt = \int_\alpha^{\frac{\pi}{4}} \int_1^{\frac{\sin t}{\cos^2 t}} \cos t\, drdt \\
&= \int_\alpha^{\frac{\pi}{4}} \left(\frac{\sin t}{\cos^2 t} - 1\right)\cos t\, dt = \int_\alpha^{\frac{\pi}{4}} \left(\frac{\sin t}{\cos t} - \cos t\right) dt = [-\ln\cos t - \sin t]_\alpha^{\frac{\pi}{4}} \\
&= -\ln\frac{1}{\sqrt{2}} - \frac{1}{\sqrt{2}} + \ln\cos\alpha + \sin\alpha = \frac{\ln 2}{2} - \frac{1}{\sqrt{2}} + \ln\sqrt{1-\sin^2\alpha} + \frac{\sqrt{5}-1}{2} \\
&= \frac{\ln 2}{2} + \frac{\sqrt{5}-\sqrt{2}-1}{2} + \frac{1}{2}\ln\left(\frac{\sqrt{5}-1}{2}\right) = \frac{\sqrt{5}-\sqrt{2}-1}{2} + \frac{1}{2}\ln\left(\sqrt{5}-1\right).
\end{aligned}
$$

Ejercicio 7

La función gamma $\Gamma : (0, \infty) \to \mathbb{R}$ se define como

$$\Gamma(p) = \int_0^\infty t^{p-1}e^{-t}dt.$$

a) Demuestra que $\Gamma(p) = (p-1)\Gamma(p-1)$ para $p > 1$.
b) Demuestra que $\Gamma(n) = (n-1)!$ para $n \in \mathbb{N}$.
c) Usa integrales dobles para demostrar que $\Gamma\left(\frac{1}{2}\right) = \sqrt{\pi}$.

Solución.

a) Si tomamos $p > 1$ e integramos por partes llamando $u = t^{p-1}$ y $v' = e^{-t}$ nos queda

$$
\begin{aligned}
\Gamma(p) &= \left[-t^{p-1}e^{-t}\right]_0^\infty + (p-1)\int_0^\infty t^{p-2}e^{-t}dt \\
&= (p-1)\int_0^\infty t^{p-2}e^{-t}dt = (p-1)\Gamma(p-1).
\end{aligned}
$$

b) Usando el apartado anterior tenemos que $\Gamma(n) = (n-1)\Gamma(n-1) = \ldots = (n-1)!\Gamma(1)$. Además,

$$\Gamma(1) = \int_0^\infty e^{-t}dt = \left[-e^{-t}\right]_0^\infty = 1.$$

c) Primero hacemos el cambio de variable $t = x^2$ para calcular $\Gamma\left(\frac{1}{2}\right)$ y nos queda

$$\Gamma\left(\frac{1}{2}\right) = 2\int_0^{\infty} x^{-1}e^{-x^2}xdx = 2\int_0^{\infty} e^{-x^2}dx.$$

Como e^{-x^2} es una función par, tenemos que $\Gamma\left(\frac{1}{2}\right) = \int_{-\infty}^{\infty} e^{-x^2}dx$. Para calcular esta última integral, primero calculamos

$$\int\int_{\mathbb{R}^2} e^{-(x^2+y^2)}dxdy$$

usando un cambio a polares.

$$\begin{aligned}\int\int_{\mathbb{R}^2} e^{-(x^2+y^2)}dxdy &= \int_0^{\infty}\int_0^{2\pi} re^{-r^2}dtdr = 2\pi\int_0^{\infty} re^{-r^2}dr \\ &= \pi\left[-e^{-r^2}\right]_0^{\infty} = \pi.\end{aligned}$$

Pero por otro lado, usando el teorema de Fubini, tenemos que

$$\begin{aligned}\int\int_{\mathbb{R}^2} e^{-(x^2+y^2)}dxdy &= \int_{-\infty}^{\infty}\int_{-\infty}^{\infty} e^{-(x^2+y^2)}dxdy \\ = \int_{-\infty}^{\infty} e^{-x^2}\left(\int_{-\infty}^{\infty} e^{-y^2}dy\right)dx &= \left(\int_{-\infty}^{\infty} e^{-x^2}dx\right)^2.\end{aligned}$$

Con lo cual $\Gamma\left(\frac{1}{2}\right) = \int_{-\infty}^{\infty} e^{-x^2}dx = \sqrt{\pi}$.

Ejercicio 8

Calcula, mediante un cambio de variable, la integral $\int\int_{\mathcal{D}} ydxdy$ donde $\mathcal{D}$ es el recinto limitado por las rectas

$$\begin{cases} y = x \\ y = 2x \\ y = 3x - 1 \\ y = 3x - 2 \end{cases}$$

Solución.

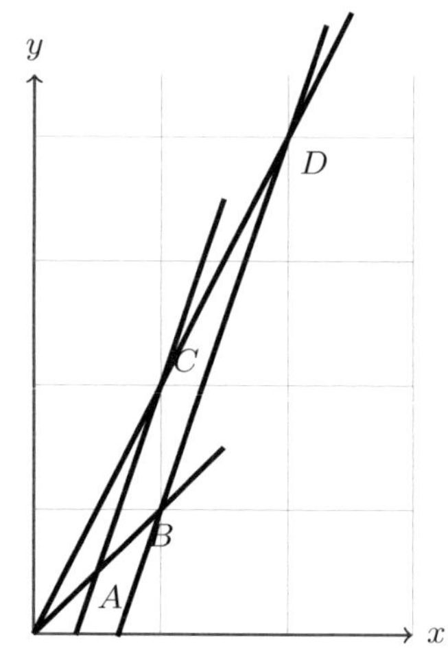

Tenemos que encontrar un transformación Φ que convierta el recinto $\mathcal{D}$ en otro más sencillo para integrar. Para ello, llamamos a los puntos de corte $A(\frac{1}{2},\frac{1}{2})$, $B(1,1)$, $C(1,2)$, $D(2,4)$, $A'(0,0)$, $B'(1,0)$ y $C'(0,1)$ y calculamos una transformación afín T que cumpla $\Phi(A) = A'$, $\Phi(B) = B'$ y $\Phi(C) = C'$.
Primero calculamos la aplicación lineal $T : \mathbb{R}^2 \to \mathbb{R}^2$ que cumple $T(\vec{AB}) = \vec{A'B'}$ y $T(\vec{AC}) = \vec{A'C'}$. Como $\vec{AB} = (\frac{1}{2},\frac{1}{2})$, $\vec{AC} = (\frac{1}{2},\frac{3}{2})$, $\vec{A'B'} = (1,0)$ y $\vec{A'C'} = (0,1)$, la matriz asociada a T en la base $\mathcal{B} = \{\vec{AB},\vec{AC}\}$ y la canónica de $\mathbb{R}^2$, $M_{\mathcal{BC}}$, es la identidad.
Por tanto, tenemos que

$$T(x,y) = M_{\mathcal{BC}} \cdot P_{\mathcal{CB}} \begin{pmatrix} x \\ y \end{pmatrix} = P_{\mathcal{BC}}^{-1} \begin{pmatrix} x \\ y \end{pmatrix} = \begin{pmatrix} \frac{1}{2} & \frac{1}{2} \\ \frac{1}{2} & \frac{3}{2} \end{pmatrix}^{-1} \begin{pmatrix} x \\ y \end{pmatrix}$$
$$= \begin{pmatrix} 3 & -1 \\ -1 & 1 \end{pmatrix} \begin{pmatrix} x \\ y \end{pmatrix},$$

donde $P_{\mathcal{BC}}$ es la matriz de cambio de base de $\mathcal{B}$ a $\mathcal{C}$. Ahora la transformación afín Φ que buscamos será de la forma

$$\Phi(x,y) = \begin{pmatrix} 3 & -1 \\ -1 & 1 \end{pmatrix} \begin{pmatrix} x \\ y \end{pmatrix} + \begin{pmatrix} a \\ b \end{pmatrix}.$$

Para calcular a y b imponemos que $\Phi(\frac{1}{2},\frac{1}{2}) = (0,0)$ y nos queda $a = -1$ y $b = 0$.

Como $\Phi(D) = (1,2)$ entonces Φ transforma el dominio $\mathcal{D}$ en el dominio $\mathcal{D}^*$ que es el cuadrilátero de vértices $(0,0),(1,0),(0,1),(1,2)$.

Para hacer el cambio de variable necesitamos Ψ la inversa de Φ. Para calcularla despejamos (x,y) de la siguiente ecuación

$$\begin{pmatrix} x' \\ y' \end{pmatrix} = \begin{pmatrix} 3 & -1 \\ -1 & 1 \end{pmatrix} \begin{pmatrix} x \\ y \end{pmatrix} + \begin{pmatrix} -1 \\ 0 \end{pmatrix},$$
$$\begin{pmatrix} x \\ y \end{pmatrix} = \begin{pmatrix} 3 & -1 \\ -1 & 1 \end{pmatrix}^{-1} \begin{pmatrix} x' \\ y' \end{pmatrix} - \begin{pmatrix} 3 & -1 \\ -1 & 1 \end{pmatrix}^{-1} \begin{pmatrix} -1 \\ 0 \end{pmatrix},$$
$$\begin{pmatrix} x \\ y \end{pmatrix} = \begin{pmatrix} \frac{1}{2} & \frac{1}{2} \\ \frac{1}{2} & \frac{3}{2} \end{pmatrix} \begin{pmatrix} x' \\ y' \end{pmatrix} + \begin{pmatrix} \frac{1}{2} \\ \frac{1}{2} \end{pmatrix}.$$

Luego, $\Psi(x', y') = \left(\frac{x'+y'+1}{2}, \frac{x'+3y'+1}{2}\right)$. El determinante del Jacobiano de esta transformación es $\det J\Psi = \frac{1}{2}$ y como es la inversa de Φ, cumplirá que $\Psi(\mathcal{D}^*) = \mathcal{D}$.

Ahora, hacemos el cambio de variable y aplicamos el teorema de Fubini teniendo en cuenta que la recta que une $(0, 1)$ y $(1, 2)$ tiene como ecuación $y' = x' + 1$.

$$\int\int_{\mathcal{D}} y dx dy = \int\int_{\mathcal{D}^*} \frac{x' + 3y' + 1}{2} \cdot \frac{1}{2} dx' dy' = \frac{1}{4} \int_0^1 \int_0^{x'+1} (x' + 3y' + 1) dy' dx'$$
$$= \frac{1}{8} \int_0^1 \left(5x'^2 + 10x' + 5\right) dx' = \frac{35}{24}.$$

Si hacemos la integral pedida directamente sin cambio de variable, entonces nos quedaría

$$\int\int_{\mathcal{D}} y dx dy = \int_{\frac{1}{2}}^1 \int_x^{3x-1} y dy dx + \int_1^2 \int_{3x-2}^{2x} y dy dx = \frac{35}{24}.$$

4.3. CÁLCULO DE ÁREAS Y VOLÚMENES

Ejercicio 1

Dada la integral $I = \int_0^2 \int_{-\sqrt{1-(x-1)^2}}^{\sqrt{1-(x-1)^2}} \sqrt{4 - x^2 - y^2} dy dx$.

a) ¿Cuál es el significado geométrico de I?
b) Calcula el valor de I.

Solución.

a) El dominio sobre el que estamos integrando es

$$D=\left\{(x,y)\in\mathbb{R}^2 : 0\le x\le 2, -\sqrt{1-(x-1)^2}\le y\le \sqrt{1-(x-1)^2}\right\}.$$

Como $y=\sqrt{1-(x-1)^2}$ representa media circunferencia de radio 1 y centro $(1,0)$, el dominio D es el interior de la circunferencia $(x-1)^2+y^2=1$. Por otro lado, $z=\sqrt{4-x^2-y^2}$ es la semiesfera positiva de radio 2 con centro el origen, por lo que I representa el volumen encerrado por la esfera, el cilindro $(x-1)^2+y^2=1$ y $z\ge 0$.

b) Para calcular I hacemos el cambio a polares

$$\begin{cases} x=r\cos t\\ y=r\sin t\end{cases}$$

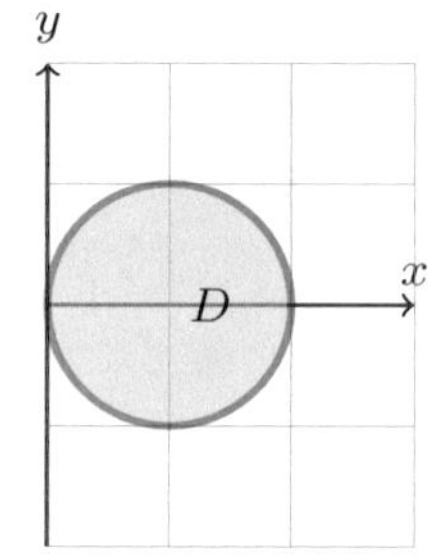

Está claro que el ángulo t varía entre $-\frac{\pi}{2}$ y $\frac{\pi}{2}$. Para saber cómo varía r sustituimos el cambio de variables en la ecuación de la circunferencia $(x-1)^2+y^2=1$ y nos queda

$$r^2-2r\cos t=0\to r=2\cos t.$$

Por tanto,

$$I=\int_{-\frac{\pi}{2}}^{\frac{\pi}{2}}\int_0^{2\cos t} r\sqrt{4-r^2}drdt=\int_{-\frac{\pi}{2}}^{\frac{\pi}{2}}\left[-\frac{\sqrt{(4-r^2)^3}}{3}\right]_0^{2\cos t}$$

$$=\frac{8}{3}\int_{-\frac{\pi}{2}}^{\frac{\pi}{2}}\left(1-|\sin^3 t|\right)dt=\frac{16}{3}\int_0^{\frac{\pi}{2}}\left(1-\sin^3 t\right)dt=\frac{16}{3}\left(\frac{\pi}{2}-\frac{2}{3}\right).$$

Las siguientes dos observaciones son útiles para calcular la integral anterior. La primera es que $\sqrt{1-\cos^2 t}=\sqrt{\sin^2 t}=|\sin t|$, por lo que para calcular

$\int_{-\frac{\pi}{2}}^{\frac{\pi}{2}} |\sin^3 t| dt$ lo hacemos como $2\int_0^{\frac{\pi}{2}} \sin^3 t dt$. En esta última podemos quitar el valor absoluto porque $\sin t$ es positivo entre 0 y $\frac{\pi}{2}$. Por otro lado,

$$\int \sin^3 t dt = \int \sin t \left(1 - \cos^2 t\right) dt = -\cos t + \frac{\cos^3 t}{3}.$$

Ejercicio 2

a) Calcula el área encerrada por la curva que en coordenadas polares tiene como ecuación $r = \sin 2\theta$ para $0 \leq \theta \leq \frac{\pi}{2}$.
b) Calcula el área comprendida entre los ejes y la curva dada en coordenadas polares por $r = \ln \theta$ con $1 \leq \theta \leq 2\pi$.

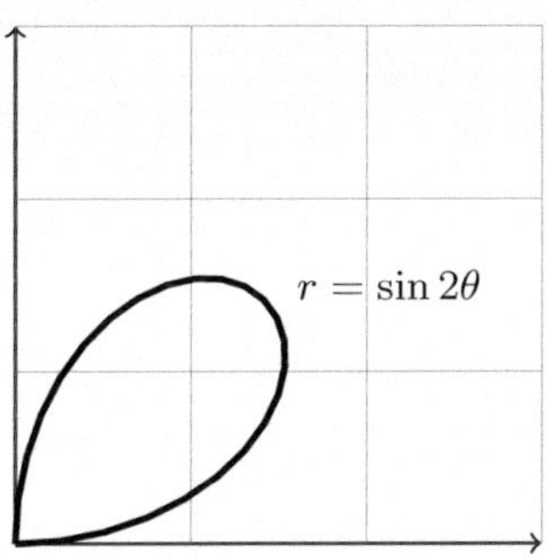

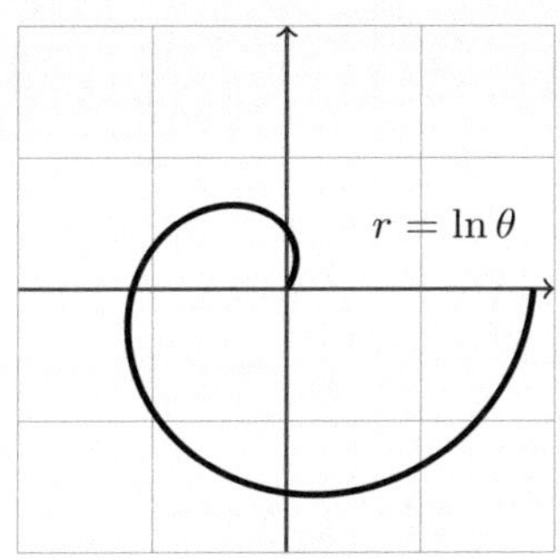

Solución.

a) Si hacemos un cambio a polares, la misma ecuación de la curva nos está dando los límites de integración. Esto es:

$$\text{Área}(D) = \int \int_D dxdy$$

donde $D := \{(\theta, r) \in \mathbb{R}^2 : 0 \leq \theta \leq \frac{\pi}{2},\ \ 0 \leq r \leq \sin 2\theta\}$. Así,

$$\text{Área}(D) = \int_0^{\frac{\pi}{2}} \int_0^{\sin 2\theta} r\, dr d\theta = \frac{1}{2} \int_0^{\frac{\pi}{2}} \sin^2 2\theta\, d\theta.$$

Como $\sin^2\theta = \frac{1-\cos 2\theta}{2}$ entonces $\sin^2 2\theta = \frac{1-\cos 4\theta}{2}$ y por tanto, la integral anterior es

$$\frac{1}{2}\int_0^{\frac{\pi}{2}} \frac{1-\cos 4\theta}{2} d\theta = \frac{1}{2}\left[\frac{\theta}{2} - \frac{1}{8}\sin 4\theta\right]_0^{\frac{\pi}{2}} = \frac{\pi}{8}.$$

b) Igual que antes, el área vendrá dada por

$$\int_1^{2\pi}\int_0^{\ln\theta} r\,dr d\theta = \frac{1}{2}\int_1^{2\pi} \ln^2\theta\, d\theta.$$

Para calcular una primitiva de $\ln^2\theta$ necesitamos calcular primero una primitiva de $\ln\theta$. Integrando por partes, tenemos que

$$\int \ln\theta\, d\theta = \theta\ln\theta - \theta.$$

Si calculamos $\int \ln^2\theta\, d\theta$ también por partes, usando lo anterior queda

$$\int \ln^2\theta\, d\theta = \theta\ln^2\theta - 2\theta\ln\theta + 2\theta.$$

Por tanto, el área pedida es

$$\left[\theta\ln^2\theta - 2\theta\ln\theta + 2\theta\right]_1^{2\pi} = 2\pi\ln^2(2\pi) - 4\pi\ln(2\pi) + 4\pi - 2.$$

Ejercicio 3

Calcula el área encerrada por la elipse $\frac{(x-x_0)^2}{a^2} + \frac{(y-y_0)^2}{b^2} = 1$. Usa el resultado obtenido para calcular el área encerrada por la elipse $4y^2+16y+25x^2-50x = 59$.

Solución.
Hacemos el cambio a coordenadas elípticas desplazadas

$$\begin{cases} x = x_0 + ar\cos\theta \\ y = y_0 + br\sin\theta \end{cases}$$

El determinante del Jacobiano de este cambio es abr, con lo que el área pedida es

$$\int_0^1 \int_0^{2\pi} abr\, d\theta dr = 2ab\pi \int_0^1 r\, dr = ab\pi.$$

También podemos calcular directamente el área con una integral simple. Por comodidad suponemos que $x_0 = y_0 = 0$. Si despejamos y de la ecuación de la elipse nos queda $y = b\sqrt{1 - \frac{x^2}{a^2}}$, por lo que el área pedida es

$$2\int_{-a}^{a} b\sqrt{1 - \frac{x^2}{a^2}} dx.$$

Hacemos el cambio de variable $\frac{x}{a} = \sin\theta$ y nos queda

$$2ab\int_{-\frac{\pi}{2}}^{\frac{\pi}{2}} \sqrt{1 - \sin^2\theta}\cos\theta\, d\theta = 2ab\int_{-\frac{\pi}{2}}^{\frac{\pi}{2}} \cos^2\theta\, d\theta = 2ab\int_{-\frac{\pi}{2}}^{\frac{\pi}{2}} \frac{1+\cos 2\theta}{2} d\theta = ab\pi.$$

Para saber el valor de a y b en la elipse $4y^2 + 16y + 25x^2 - 50x = 59$ completamos cuadrados.

$$\begin{aligned} 25(x^2 - 2x) + 4(y^2 + 4y) &= 59, \\ 25(x^2 - 2x + 1) - 25 + 4(y^2 + 4y + 4) - 16 &= 59, \\ 25(x-1)^2 + 4(y+2)^2 &= 100, \\ \frac{(x-1)^2}{4} + \frac{(y+2)^2}{25} &= 1. \end{aligned}$$

Por tanto, en este caso $a = 2$ y $b = 5$, con lo que el área es 10π.

Ejercicio 4

Calcula el área de la porción de elipse $x^2 + 4y^2 = 1$ en el primer cuadrante limitada por las rectas $2y = x$, $y = 0$.

Solución.

La elipse que nos dan la podemos escribir como

$$x^2 + \frac{y^2}{\left(\frac{1}{2}\right)^2} = 1,$$

con lo cual sus semiejes son $a = 1$ y $b = \frac{1}{2}$.

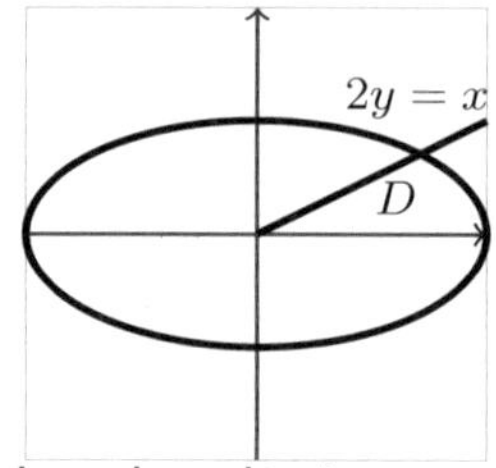

Para adaptarnos a esta elipse hacemos un cambio a coordenadas elípticas

$$\begin{cases} x = r\cos t \\ y = \frac{1}{2}r\sin t \end{cases}$$

cuyo determinante del jacobiano es $\frac{1}{2}r$.

Con estas coordenadas, los parámetros r y t no miden la distancia al origen y el ángulo como en el cambio a coordenadas polares. Para saber cómo varían sustituimos en las ecuaciones de las elipse y la recta $2y = x$. De la elipse nos queda $r^2 = 1$, con lo que r varía desde 0 a 1. De la recta obtenemos $r\sin t = r\cos t$, es decir, $\tan t = 1$, de donde deducimos que t varía de 0 a $\frac{\pi}{4}$.

Por tanto, el área pedida es

$$\int\int_D 1dxdy = \int_0^{\frac{\pi}{4}} \int_0^1 \frac{1}{2}rdrdt = \frac{\pi}{16}.$$

Ejercicio 5

Calcula, usando integrales dobles, el volumen comprendido entre el cono $z^2 = x^2 + y^2$ y el paraboloide $z = x^2 + y^2$.

Solución.

Empezamos calculando la proyección en el plano XY de la curva intersección entre el cono y el paraboloide, que viene dada por:

$$\left(x^2 + y^2\right)^2 = x^2 + y^2$$

Nótese que esta ecuación se satisface para el punto $(x, y) = (0, 0)$ (los "vértices" del cono y del paraboloide se tocan) y para los puntos $(x, y) \in \mathbb{R}^2$ tales que $x^2 + y^2 = 1$. En otras palabras, la proyección en el plano XY de la curva intersección es una circunferencia de radio unidad centrada en el origen de coordenadas. Por tanto, el volumen V pedido se puede calcular como

$$V = \int\int_D \left(\sqrt{x^2 + y^2} - (x^2 + y^2) \right) dxdy$$

con $D := \{(x, y) \in \mathbb{R}^2 : x^2 + y^2 \leq 1\}$.

Para facilitar el cálculo de la integral, pasamos a coordenadas polares $x = r \cos t$ e $y = r \sin t$:

$$V = \int\int_R r \left(r - r^2\right) drdt$$

con $R := \{(t, r) \in \mathbb{R}^2 : 0 \leq t \leq 2\pi, \ \ 0 \leq r \leq 1\}$. Así,

$$V = \int_0^{2\pi} \int_0^1 r \left(r - r^2\right) drdt = \frac{\pi}{6}.$$

Ejercicio 6

Calcula mediante una integral doble el volumen comprendido entre $x^2 - 4x + 4y^2 - 8y + 7 = 0$ y

a) $0 \leq z \leq 2x + y + 1$.

b) $0 \leq z \leq x^2 + 2$.

Solución.

a) Completamos cuadrados en $x^2 - 4x + 4y^2 - 8y + 7 = 0$.

$$\begin{aligned} x^2 - 4x + 4 + 4(y^2 - 2y + 1) &= 1, \\ (x-2)^2 + 4(y-1)^2 &= 1, \\ (x-2)^2 + \left(\frac{y-1}{\frac{1}{2}}\right)^2 &= 1, \end{aligned}$$

por lo que se trata de una elipse de centro $(2,1)$ y semiejes 1 y $\frac{1}{2}$. Si usamos el cambio de variables

$$\begin{cases} x = 2 + r\cos t \\ y = 1 + \frac{1}{2} r \sin t \end{cases}$$

y llamamos $D \subset \mathbb{R}^2$ al dominio interior a la elipse, entonces el volumen pedido es

$$\begin{aligned} & \int\int_D (2x + y + 1)dxdy \\ &= \int_0^{2\pi}\int_0^1 (2(2 + r\cos t) + 1 + \frac{1}{2} r \sin t + 1)\frac{1}{2} r\, drdt \\ &= \int_0^{2\pi}\int_0^1 (2r + r^2\cos t + r + \frac{1}{4} r^2 \sin t)drdt \\ &= \int_0^1\int_0^{2\pi} (2r + r^2\cos t + r + \frac{1}{4} r^2 \sin t)drdt \\ &= \int_0^1 (4\pi r + 2\pi r)dr = 6\pi \int_0^1 r\, dr = 3\pi. \end{aligned}$$

b) Igual que antes, el volumen pedido es

$$\begin{aligned} \int\int_D (x^2 + 2)dxdy &= \int_0^{2\pi}\int_0^1 ((2 + r\cos t)^2 + 2)\frac{1}{2} r\, drdt \\ &= \int_0^{2\pi}\int_0^1 \left(3r + \frac{r^3}{2}\cos^2 t + 2r^2\cos t\right) drdt \\ &= \int_0^{2\pi} \frac{3\cos(t)^2 + 16\cos(t) + 36}{24} \\ = \frac{1}{8}\int_0^{2\pi} \cos^2 t dt + 3\pi &= 3\pi + \frac{1}{8}\int_0^{2\pi} \frac{1 + \cos 2t}{2} = \frac{25\pi}{8}. \end{aligned}$$

Ejercicio 7

El astroide es una curva cerrada dada por la ecuación $x^{\frac{2}{3}} + y^{\frac{2}{3}} = a^2$, donde $a > 0$. Calcula el área encerrada por esta curva.

Solución.
Como la curva es simétrica, podemos calcular sólo el área en el primer cuadrante. Para ello, vamos a hacer el siguiente cambio de variables

$$\begin{cases} x = r\cos^3 t \\ y = r\sin^3 t \end{cases}$$

cuyo jacobiano es

$$\begin{pmatrix} \cos^3 t & -3r\cos^2 t\sin t \\ \sin^3 t & 3r\sin^2 t\cos t \end{pmatrix}$$

y su determinante es $3r\cos^2 t\sin^2 t$.

Si sustituimos este cambio en la ecuación del astroide nos queda $r^{\frac{2}{3}} = a^2$, por lo que el rango en el que se han de mover los parámetros r y t para cubrir el área del astroide en el primer cuadrante es $0 \le r \le a^3$ y $0 \le t \le \frac{\pi}{2}$. El área del astroide en el primer cuadrante será

$$3\int_0^{\frac{\pi}{2}}\int_0^{a^3} r\cos^2 t\sin^2 t\,dr\,dt = \frac{3a^6}{2}\int_0^{\frac{\pi}{2}}\cos^2 t\sin^2 t\,dt = \frac{3a^6}{4}Be\left(\frac{3}{2},\frac{3}{2}\right)$$
$$= \frac{3a^6}{4}\frac{\Gamma\left(\frac{3}{2}\right)^2}{\Gamma(3)} = \frac{3\pi a^6}{32}.$$

Por tanto, el área encerrada por el astroide es $\frac{3\pi a^6}{8}$.

También podemos usar el teorema de Green-Riemann para calcular el área encerrada por la curva de la siguiente forma. Si aplicamos el teorema a la curva dada y el campo de vectores $F(x,y) = (-y,x)$ nos queda que

$$\int_\gamma -ydx + xdy = \int\int_D 2dxdy = 2\text{Área}(D),$$

donde D es el dominio encerrado por el astroide y γ es la parametrización $\gamma(t) = (a^3\cos^3 t, a^3\sin^3 t)$ con $0 \le t \le 2\pi$, la cual recorre el astroide en sentido positivo.

Por tanto,

$$\text{Área}(D) = \frac{1}{2}\int_{\gamma} xdy - ydx = \frac{3a^6}{2}\int_0^{2\pi} (\cos^4 t \sin^2 t + \cos^2 t \sin^4 t)\, dt$$
$$= \frac{3a^6}{2}\int_0^{2\pi} \cos^2 t \sin^2 t\, dt = 6a^6 \int_0^{\frac{\pi}{2}} \cos^2 t \sin^2 t\, dt = 3a^6 Be\left(\frac{3}{2}, \frac{3}{2}\right)$$
$$= 3a^6 \frac{\Gamma((\frac{3}{2})^2}{\Gamma(3)} = 3a^6 \frac{\left(\frac{1}{2}\Gamma\left(\frac{1}{2}\right)\right)^2}{2} = \frac{3\pi a^6}{8},$$

siendo Be y Γ las funciones beta y gamma.

5. INTEGRALES TRIPLES

5.1. CÁLCULO DE INTEGRALES TRIPLES

Ejercicio 1

Calcula $\int\int\int_D zdxdydz$ donde D es el tetraedro de vértices $(0,0,0),(1,0,0),(0,1,0)$ y $(0,0,1)$.

Solución.
El tetraedro tiene cuatro caras dadas por los planos $x=0$, $y=0$, $z=0$ y la última el plano que pasa por los puntos $(1,0,0),(0,1,0)$ y $(0,0,1)$, que es $x+y+z=1$. Por otro lado, la recta en el plano XY que une los puntos $(1,0)$ y $(0,1)$ tiene como ecuación $x+y=1$.

La integral que queremos calcular será por tanto

$$\int\int\int_D zdxdydz = \int_0^1\int_0^{1-x}\int_0^{1-x-y} zdzdydx = \frac{1}{2}\int_0^1\int_0^{1-x}(1-x-y)^2dydx$$
$$= -\frac{1}{6}\int_0^1\left[(1-x-y)^3\right]_0^{1-x} = \frac{1}{6}\int_0^1(1-x)^3dx = -\frac{1}{24}\left[(1-x)^4\right]_0^1 = \frac{1}{24}.$$

Ejercicio 2

Calcula $\int\int\int_V xyz\,dxdydz$ donde V es el sólido resultante de cortar el cubo unidad en el primer cuadrante con el plano $z=2x-1$ y que contiene al origen.

Solución.

A la vista de la figura, debemos dividir la integral en dos trozos.
En el primer trozo, z varía desde 0 hasta el plano $z = 1$ y en el segundo trozo varía desde el plano $z = 2x - 1$ hasta $z = 1$. Dicho de otro modo, el sólido V se puede expresar como sigue:

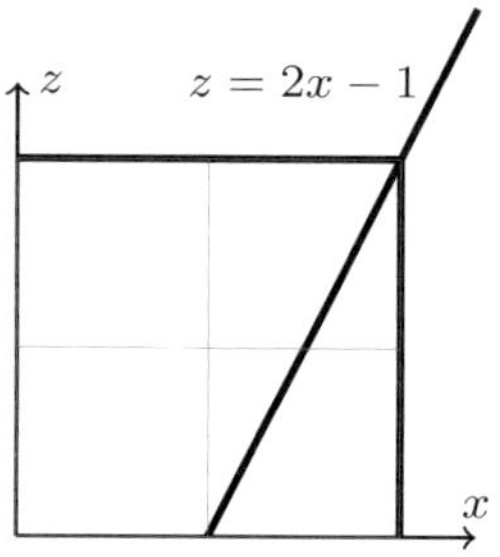

$$V := \{(x, y, z) \in \mathbb{R}^3 : 0 \leq y \leq 1,\ \ 0 \leq x \leq 1,\ \ 0 \leq z \leq 1,\ \ z \geq 2x-1\} = V_1 \cup V_2$$

donde

$$\begin{aligned} V_1 &= \{(x, y, z) \in \mathbb{R}^3 : 0 \leq y \leq 1,\ \ 0 \leq x \leq \frac{1}{2},\ \ 0 \leq z \leq 1\} \\ V_2 &= \{(x, y, z) \in \mathbb{R}^3 : 0 \leq y \leq 1,\ \ \frac{1}{2} \leq x \leq 1,\ \ 2x - 1 \leq z \leq 1\} \end{aligned}$$

Así pues, la integral pedida se puede calcular como

$$\int_0^{\frac{1}{2}} \int_0^1 \int_0^1 xyz\, dzdydx + \int_{\frac{1}{2}}^1 \int_0^1 \int_{2x-1}^1 xyz\, dzdydx = \frac{1}{32} + \frac{1}{192} = \frac{7}{192}.$$

Ejercicio 3

Calcula la integral $\int\int\int_D ydxdydz$ donde D es el sólido en el primer octante limitado por $z^2 = y$, $z = x$, $y = 1$.

Solución.
Matemáticamente, podemos describir el sólido D como

$$D := \{(x, y, z) \in \mathbb{R}^3 : 0 \leq y \leq 1,\ \ 0 \leq z \leq \sqrt{y},\ \ 0 \leq x \leq z\}.$$

Por tanto, la integral pedida vendrá dada por

$$\int\int\int_D y\,dxdydz = \int_0^1\int_0^{\sqrt{y}}\int_0^z y\,dxdzdy = \int_0^1\int_0^{\sqrt{y}} yz\,dzdy$$
$$= \frac{1}{2}\int_0^1 y^2 dy = \frac{1}{6}.$$

Nótese que hemos puesto primero los límites de integración de la variable y para facilitar el cálculo de la integral.

Ejercicio 4

Calcula $\int\int\int_D y\,dxdydz$ donde D es el sólido limitado por

$$\begin{cases} (x-1)^2 + y^2 = 4 \\ z = x \\ z = x + y + 6 \end{cases}$$

Solución.

El sólido que nos da el enunciado consiste en un cilindro desplazado de radio 2 con "tapadera" inferior dada por el plano $z = x$ y la superior por $z = x + y + 6$. Por ello, usamos un cambio a coordenadas cilíndricas desplazadas

$$\begin{cases} x = 1 + r\cos t \\ y = r\sin t \\ z = z \end{cases}$$

con $0 \leq t \leq 2\pi$, $0 \leq r \leq 2$ y $1 + r\cos t \leq z \leq 1 + r\cos t + r\sin t + 6$. La integral pedida será entonces

$$\int\int\int_D y\,dxdydz = \int_0^{2\pi}\int_0^2\int_{1+r\cos t}^{1+r\cos t + r\sin t + 6} r\cdot r\sin t\,dzdrdt$$
$$= \int_0^{2\pi}\int_0^2 r^2\sin t(r\sin t + 6)drdt = \int_0^{2\pi}\int_0^2 \left(r^3\sin^2 t + 6r^2\sin t\right)drdt.$$

Para simplificar, vamos a cambiar el orden de integración. Como $\int_0^{2\pi}\sin t\,dt = 0$ y $\int_0^{2\pi}\sin^2 t\,dt = \int_0^{2\pi}\frac{1-\cos 2t}{2} = \pi$, nos queda

$$\int\int\int_D y\, dxdydz = \int_0^2 \int_0^{2\pi} \left(r^3 \sin^2 t + 6r^2 \sin t\right) dtdr = \pi \int_0^2 r^3 dt = 4\pi.$$

Ejercicio 5

Calcula $\int\int\int_D \frac{x^2+y^2}{1+z} dxdydz$ donde D es el sólido de la figura.

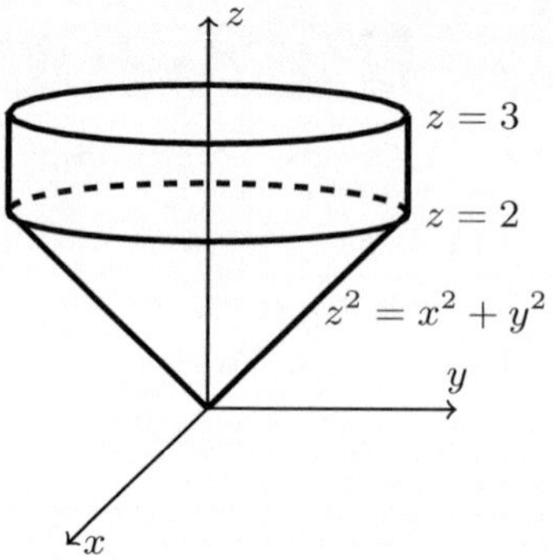

Solución.
La figura se proyecta en el plano XY sobre la circunferencia $x^2 + y^2 = 4$. Por tanto, pasamos a coordenadas cilíndricas.

$$\begin{cases} x = r \cos t \\ y = r \sin t \\ z = z \end{cases}$$

En estas nuevas coordenadas el dominio D se describe como

$$D := \{(t, r, z) \in \mathbb{R}^3 : 0 \leq t \leq 2\pi, 0 \leq r \leq 2, r \leq z \leq 3\},$$

(nótese que la coordenada z varía desde el cono hasta el plano $z = 3$).

La integral pedida es

$$\int_0^{2\pi}\int_0^2\int_r^3 r\cdot\frac{r^2}{1+z}dzdrdt = 2\pi\int_0^2 r^3\left[\ln(1+z)\right]_r^3 dr$$
$$= 2\pi\int_0^2\left(r^3\ln 4 - r^3\ln(1+r)\right)dr.$$

Como en el integrando no aparece t, hemos eliminado directamente la primera integral. Por otro lado, podemos calcular una primitiva de $r^3\ln(1+r)$ usando integración por partes. Llamamos $u' = r^3$ y $v = \ln(1+r)$ y nos queda

$$\int r^3\ln(1+r)\,dr = \frac{1}{4}r^4\ln(1+r) - \int\frac{1}{4}\frac{r^4}{1+r}dr.$$

Si hacemos la división de polinomios $\frac{r^4}{1+r}$ obtenemos

$$\frac{r^4}{1+r} = r^3 - r^2 + r - 1 + \frac{1}{1+r}.$$

Luego

$$\int r^3\ln(1+r)\,dr = \frac{1}{4}r^4\ln(1+r) - \frac{1}{4}\left(\frac{1}{4}r^4 - \frac{1}{3}r^3 + \frac{1}{2}r^2 - r + \ln(1+r)\right)$$

Por tanto, la integral del enunciado es

$$2\pi\left[\frac{\ln 4}{4}r^4 - \frac{1}{4}r^4\ln(1+r) + \frac{1}{4}\left(\frac{1}{4}r^4 - \frac{1}{3}r^3 + \frac{1}{2}r^2 - r + \ln(1+r)\right)\right]_0^2$$
$$= 2\pi\left(4\ln 4 + \frac{1}{3} - \frac{15}{4}\ln 3\right).$$

Ejercicio 6

Calcula $\int\int\int_D x\,dxdydz$, donde D es el sólido intersección de los cilindros $x^2+y^2=4$, $y^2+z^2=1$ en la región $x\geq 0$, $y\geq 0$, $z\geq 0$.

Solución.

Tomamos coordenadas cilíndricas en el plano YZ.

$$\begin{cases} x = x \\ y = r\cos t \\ z = r\sin t \end{cases}$$

De esta forma, la distancia al origen en el plano YZ varía de 0 a 1 y el ángulo de 0 a $\frac{\pi}{2}$, mientras que x varía de 0 hasta el cilindro $x^2 + y^2 = 4$.

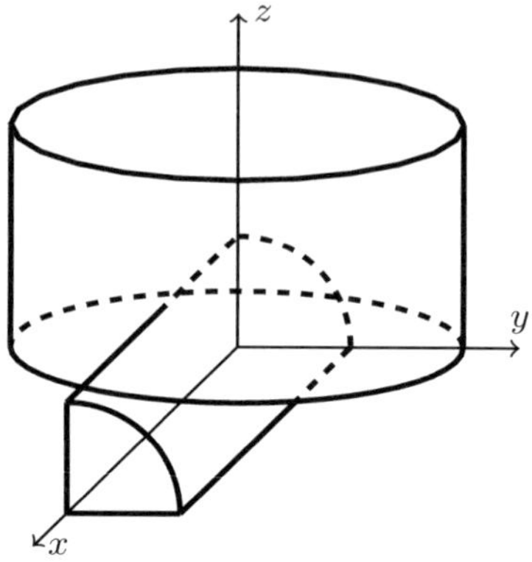

Esto es,

$$D := \left\{(t, r, x) \in \mathbb{R}^3 : 0 \leq t \leq \frac{\pi}{2},\ \ 0 \leq r \leq 1,\ \ 0 \leq x \leq \sqrt{4 - r^2\cos^2 t}\right\},$$

Por tanto, la integral pedida es

$$\begin{aligned}\int_0^{\frac{\pi}{2}}\int_0^1\int_0^{\sqrt{4-r^2\cos^2 t}} xr\,dxdrdt &= \frac{1}{2}\int_0^{\frac{\pi}{2}}\int_0^1 r\left(4 - r^2\cos^2 t\right) drdt \\ &= \frac{1}{2}\int_0^{\frac{\pi}{2}}\left(2 - \frac{1}{4}\cos^2 t\right) dt = \frac{\pi}{2} - \frac{1}{8}\int_0^{\frac{\pi}{2}}\cos^2 t\,dt \\ &= \frac{\pi}{2} - \frac{1}{8}\int_0^{\frac{\pi}{2}}\frac{1+\cos(2t)}{2}dt = \frac{15\pi}{32}.\end{aligned}$$

Ejercicio 7

Calcula $\int\int\int_D x^2 z\,dxdydz$ donde D es el sólido en $z \geq 0$ limitado por $z^2 = x^2 + y^2$ y $z^2 = y + 1$

Solución.

Primero vamos a calcular la proyección de la intersección del cono $x^2+y^2 = z^2$ y la superficie $z^2 = y+1$. Para ello, eliminamos z^2 de ambas ecuaciones y completamos cuadrados.

$$
\begin{aligned}
x^2 + y^2 &= y + 1, \\
x^2 + y^2 - y &= 1, \\
x^2 + y^2 - 2\frac{1}{2}y + \frac{1}{4} &= \frac{5}{4}, \\
x^2 + \left(y - \frac{1}{2}\right)^2 &= \frac{5}{4}.
\end{aligned}
$$

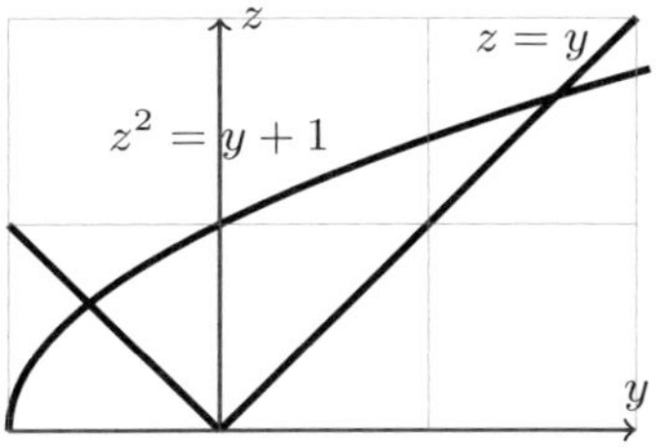

Luego se trata de una circunferencia centrada en $(0, \frac{1}{2})$ y radio $\frac{\sqrt{5}}{2}$. Vamos a emplear un cambio a coordenadas cilíndricas desplazadas

$$
\begin{cases}
x = r\cos t \\
y = \frac{1}{2} + r\sin t \\
z = z
\end{cases}
$$

La ecuación del cono con estas nuevas variables es

$$
\begin{aligned}
z^2 &= r^2\cos^2 t + \left(\frac{1}{2} + r\sin t\right)^2, \\
z^2 &= r^2 + \frac{1}{4} + r\sin t,
\end{aligned}
$$

y la de la superficie $z^2 = y + 1$ es $z^2 = \frac{3}{2} + r\sin t$, con lo que

$$
D := \Big\{(t, r, z) \in \mathbb{R}^3 : 0 \le t \le 2\pi,\ \ 0 \le r \le \frac{\sqrt{5}}{2},
\sqrt{r^2 + \frac{1}{4} + r\sin t} \le z \le \sqrt{\frac{3}{2} + r\sin t}\Big\},
$$

La integral pedida será entonces

$$
\begin{aligned}
&\int_0^{2\pi}\int_0^{\frac{\sqrt{5}}{2}}\int_{\sqrt{r^2+\frac{1}{4}+r\sin t}}^{\sqrt{\frac{3}{2}+r\sin t}} r\cdot (r\cos t)^2\, z\, dzdrdt \\
&= \frac{1}{2}\int_0^{2\pi}\int_0^{\frac{\sqrt{5}}{2}} r^3\cos^2 t\Big[z^2\Big]_{\sqrt{r^2+\frac{1}{4}+r\sin t}}^{\sqrt{\frac{3}{2}+r\sin t}} drdt \\
&= \frac{1}{2}\int_0^{2\pi}\int_0^{\frac{\sqrt{5}}{2}} r^3\cos^2 t\left(\frac{5}{4} - r^2\right) drdt = \frac{125}{1536}\int_0^{2\pi}\cos^2 t\, dt = \frac{125\pi}{1536}.
\end{aligned}
$$

donde, como siempre, hemos usado que $\cos^2 t = \frac{1+\cos 2t}{2}$ para calcular una primitiva de $\cos^2 t$.

Ejercicio 8

Calcula $\int\int\int_V z\,dxdydz$ donde V es el sólido limitado por la esfera $x^2 + y^2 + z^2 = 2$ en la región $z \geq 0$.

a) Usando coordenadas esféricas.
b) Usando coordenadas cilíndricas.

Solución.

a) Si hacemos el cambio

$$\begin{cases} x = r\cos u \cos v \\ y = r\sin u \cos v \\ z = r\sin v \end{cases}$$

con $0 \leq r \leq \sqrt{2}$, $0 \leq v \leq \frac{\pi}{2}$, y $0 \leq u < 2\pi$, entonces la integral pedida será

$$\begin{aligned} \int_0^{2\pi}\int_0^{\frac{\pi}{2}}\int_0^{\sqrt{2}} r\sin v r^2 \cos v\,drdvdu &= 2\pi\int_0^{\frac{\pi}{2}}\int_0^{\sqrt{2}} r^3 \sin v\cos v\,drdv \\ &= 2\pi\int_0^{\frac{\pi}{2}} \sin v\cos v\,dv = \pi\left[\sin^2 v\right]_0^{\frac{\pi}{2}} = \pi. \end{aligned}$$

b) Si usamos el cambio

$$\begin{cases} x = r\cos u \\ y = r\sin u \\ z = z \end{cases}$$

con $0 \leq r \leq \sqrt{2}$, $0 \leq u < 2\pi$, y $0 \leq z \leq \sqrt{2-r^2}$, entonces la integral pedida será

$$\int_0^{2\pi}\int_0^{\sqrt{2}}\int_0^{\sqrt{2-r^2}} zr\,dzdrdu = \pi\int_0^{\sqrt{2}}(2-r^2)r\,dr = \pi.$$

Ejercicio 9

Calcula $\int\int\int_D z(x^2+y^2)dxdydz$ donde D es el sólido en el primer octante comprendido entre los cilindros $x^2+y^2=1$, $x^2+y^2=4$, el plano $z=0$ y el paraboloide $z=2(x^2+y^2)$.

Solución.
Si cambiamos a coordenadas cilíndricas

$$\begin{cases} x = r\cos t \\ y = r\sin t \\ z = z \end{cases}$$

y sustituimos en las ecuaciones de los cilindros, nos queda que $1 \le r \le 2$. Sustituyendo el cambio de coordenadas en la ecuación del paraboloide tenemos que $0 \le z \le 2r^2$. Claramente, el ángulo t cumple $0 \le t \le \frac{\pi}{2}$ y por tanto la integral pedida será

$$\int\int\int_D z(x^2+y^2)ddxdydz = \int_0^{\frac{\pi}{2}}\int_1^2\int_0^{2r^2} zr^3\,dzdrdt = \pi\int_1^2 r^7\,dr = \frac{255\pi}{8}.$$

Ejercicio 10

Calcula $\int\int\int_V xdxdydz$, donde D es el sólido limitado en el primer octante por $z=x^2+y^2$ y $z=2$, de dos formas distintas, en concreto:

a) Usando un cambio a coordenadas cilíndricas.
b) Sin usar ningún cambio de coordenadas.

Solución.

a) Como la proyección sobre el plano XY de la intersección del paraboloide y el plano $z = 2$ es la circunferencia de radio $\sqrt{2}$ dada por $x^2 + y^2 = 2$ y z varía desde el paraboloide (que cambiando a coordenadas cilíndricas se escribe $z = r^2$) hasta el plano $z = 2$, tenemos que

$$\int\int\int_D x dx dy dz = \int_0^{\frac{\pi}{2}} \int_0^{\sqrt{2}} \int_{r^2}^{2} r^2 \cos t dz dr dt$$

$$= \int_0^{\frac{\pi}{2}} \int_0^{\sqrt{2}} (2 - r^2) r^2 \cos t dr dt = \int_0^{\frac{\pi}{2}} \cos t \left[\frac{2}{3} r^3 - \frac{1}{5} r^5\right]_0^{\sqrt{2}} dt$$

$$= \frac{8\sqrt{2}}{15} \int_0^{\frac{\pi}{2}} \cos t dt = \frac{8\sqrt{2}}{15}.$$

b) Para que salgan primitivas fáciles vamos a poner primero los límites de integración de z. Como estamos entre los planos $z = 0$ y $z = 2$ está claro que estos límites son 0 y 2. Si fijamos un valor de z y nos movemos horizontalmente sobre el plano XZ (donde $y = 0$) el valor de x varía desde 0 hasta la parábola $z = x^2$ (que resulta de poner $y = 0$ en la ecuación del paraboloide), por lo que los límites de integración de x son 0 y $\sqrt{z}$. Por último, fijado z y x, la variable y va desde 0 hasta el paraboloide, donde despejando tenemos que $y = \sqrt{z - x^2}$. Por tanto, la integral pedida es

$$\int\int\int_D x dx dy dz = \int_0^2 \int_0^{\sqrt{z}} \int_0^{\sqrt{z-x^2}} x dy dx dz = \int_0^2 \int_0^{\sqrt{z}} x\sqrt{z - x^2} dx dz$$

$$= -\frac{1}{3} \int_0^2 \left[(z - x^2)^{\frac{3}{2}}\right]_0^{\sqrt{z}} = \frac{1}{3} \int_0^2 z^{\frac{3}{2}} dz = \frac{8\sqrt{2}}{15}.$$

5.2. CÁLCULO DE VOLÚMENES

Ejercicio 1

Calcula el volumen comprendido entre la esfera $x^2 + y^2 + z^2 = 1$, el paraboloide $z = x^2 + y^2$ y el plano $z = 0$.

Solución.

Usamos un cambio a coordenadas polares

$$\begin{cases} x = r\cos u \\ y = r\sin u \\ z = z \end{cases}$$

Para escribir los límites de integración tenemos que calcular la proyección sobre el plano XY de la intersección de la esfera y el paraboloide. Para ello, eliminamos x^2+y^2 de las dos ecuaciones y queda $z+z^2=1$, cuya solución positiva es $a=\frac{\sqrt{5}-1}{2}$. Por tanto, la proyección es la circunferencia $x^2+y^2=a^2$ y r variará de 0 a a. Por otro lado, z variará desde el paraboloide $z=x^2+y^2$ hasta la esfera $x^2+y^2+z^2=1$, es decir, desde r^2 hasta $\sqrt{1-r^2}$.

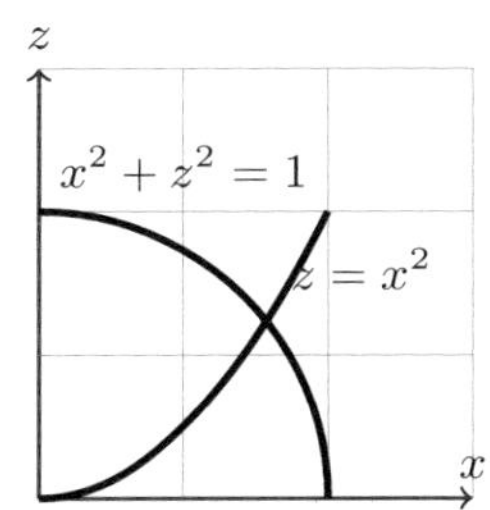

El volumen del sólido V es, por tanto,

$$\int\int\int_V 1dxdydz = \int_0^{2\pi}\int_0^a\int_{r^2}^{\sqrt{1-r^2}} r\,dzdrdu$$
$$= \pi\int_0^a \left(1-r^2-r^4\right)dr = \frac{\pi\left(19-\sqrt{5^3}\right)}{15}.$$

Ejercicio 2

Calcula el volumen comprendido entre $z^2=x^2+y^2-1$ y los planos $z=0$, $z=1$.

Solución.

La superficie $z^2 = x^2 + y^2 - 1$ es un hiperboloide de una hoja. Para $z = 0$ tenemos una circunferencia de radio 1 y para $z = 1$ tenemos una circunferencia de radio $\sqrt{2}$. Para calcular el volumen pasamos a coordenadas cilíndricas y dividimos la integral en dos partes. En la primera parte $(0 \leq r \leq 1)$, la coordenada z varía desde el plano $z = 0$ al plano $z = 1$ y en la segunda $(1 \leq r \leq \sqrt{2})$, z varía desde el hiperboloide al plano $z = 1$.

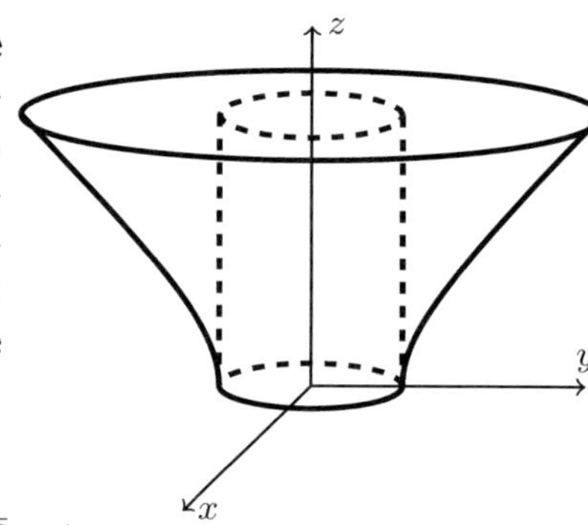

$$\int_0^{2\pi}\int_0^1\int_0^1 r\,dzdrdt + \int_0^{2\pi}\int_1^{\sqrt{2}}\int_{\sqrt{r^2-1}}^1 r\,dzdrdt$$
$$= \pi + 2\pi\int_1^{\sqrt{2}}\left(r - r\sqrt{r^2-1}\right)dr$$
$$= \pi + 2\pi\left[\frac{r^2}{2} - \frac{\sqrt{(r^2-1)^3}}{3}\right]_1^{\sqrt{2}} = \pi + \frac{\pi}{3} = \frac{4\pi}{3}.$$

También podemos calcular el volumen directamente cambiando el orden de integración. Si cortamos el hiperboloide a una altura fija z obtenemos una circunferencia de radio $\sqrt{1+z^2}$, por lo que si hacemos un cambio a cilíndricas y ponemos primero los límites de integración de z, el volumen pedido es

$$\int_0^{2\pi}\int_0^1\int_0^{\sqrt{1+z^2}} r\,drdzdt = \pi\int_0^1 (1+z^2)dz = \frac{4\pi}{3}.$$

Ejercicio 3

Calcula el volumen del sólido comprendido entre las esferas $x^2+y^2+z^2 = 1$ y $x^2+y^2+z^2 = 4$ y entre los conos $z^2 = x^2+y^2$ y $z^2 = 3(x^2+y^2)$ con $z \geq 0$.

Solución.

Pasamos a coordenadas esféricas

$$\begin{cases} x = r\cos u \cos v \\ y = r\sin u \cos v \\ z = r\sin v \end{cases}$$

Para este cambio, el parámetro v varía desde $-\frac{\pi}{2}$ a $\frac{\pi}{2}$ y el determinante del Jacobiano es $r^2 \cos v$.

Para saber los límites de integración de v miramos la figura. Sobre el cono $z^2 = x^2 + y^2$ el ángulo con el plano XY vale $\frac{\pi}{4}$ y sobre el cono $z^2 = 3(x^2 + y^2)$ el ángulo α con el plano XY cumple que $\tan\alpha = \sqrt{3}$, es decir, $\alpha = \frac{\pi}{3}$. Por tanto, el volumen pedido es

$$\int_0^{2\pi}\int_1^2\int_{\frac{\pi}{4}}^{\frac{\pi}{3}} r^2 \cos v \, dv dr du = \frac{\left(7\sqrt{6} - 14\right)\pi}{3\sqrt{2}}.$$

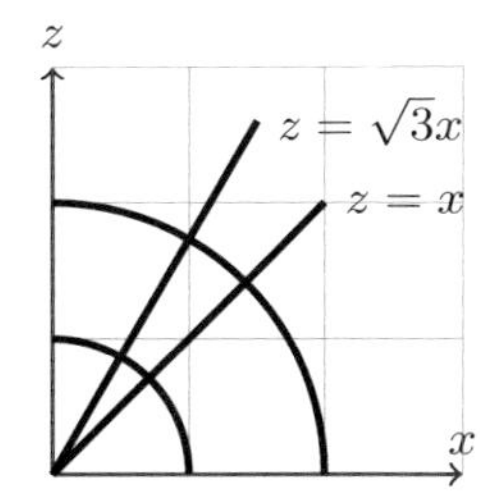

Ejercicio 4

Calcula el volumen limitado por $z + 1 = x^2 + y^2$ y $z = 2x + 2y$.

Solución.
En primer lugar calculamos la proyección sobre el plano XY de la intersección del paraboloide $z + 1 = x^2 + y^2$ con el plano $z = 2x + 2y$. Para ello, eliminamos z de ambas ecuaciones y completamos cuadrados.

$$\begin{aligned} 2x + 2y + 1 &= x^2 + y^2, \\ 3 &= x^2 - 2x + 1 + y^2 - 2y + 1, \\ 3 &= (x-1)^2 + (y-1)^2, \end{aligned}$$

con lo que se trata de una circunferencia de centro $(1, 1)$ y radio $\sqrt{3}$. Por tanto, para calcular el volumen será conveniente hacer un cambio a coordenadas cilíndricas desplazadas.

$$\begin{cases} x = 1 + r\cos t \\ y = 1 + r\sin t \\ z = z \end{cases}$$

Como r y t miden la distancia y el ángulo respecto del centro de la circunfencia $(x-1)^2+(y-1)^2=3$ entonces está claro que el parámetro t varía desde 0 a 2π y r desde 0 a $\sqrt{3}$. Por otro lado, z varía desde el paraboloide al plano. La ecuación del paraboloide en las nuevas coordenadas es

$$\begin{aligned} z+1 &= (1+r\cos t)^2+(1+r\sin t)^2, \\ z+1 &= 2+r^2+2r(\cos t+\sin t), \\ z &= 1+r^2+2r(\cos t+\sin t) \end{aligned}$$

y la ecuación del plano

$$\begin{aligned} z &= 2(1+r\cos t)+2(1+r\sin t), \\ z &= 4+2r\left(\cos t+\sin t\right). \end{aligned}$$

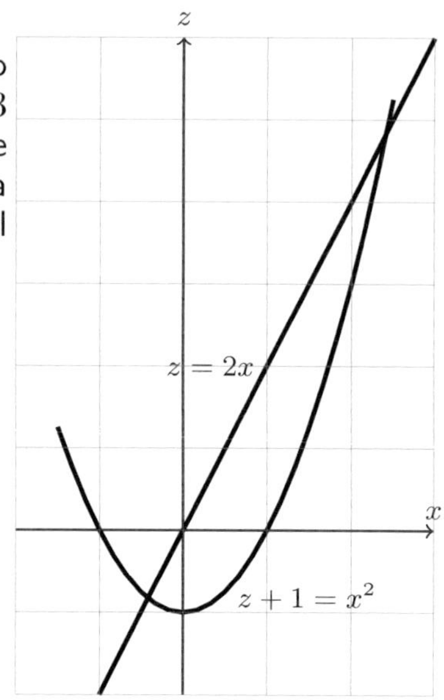

Ahora, el volumen pedido será

$$\begin{aligned} \int\int\int_V dxdydz &= \int_0^{2\pi}\int_0^{\sqrt{3}}\int_{1+r^2+2r(\cos t+\sin t)}^{4+2r(\cos t+\sin t)} r\,dzdrdt \\ &= \int_0^{2\pi}\int_0^{\sqrt{3}} r(3-r^2)drdt = \frac{9\pi}{2}. \end{aligned}$$

Ejercicio 5

Calcula el volumen contenido entre el paraboloide $z=2x^2+y^2$ y el plano $2z=x+\frac{31}{16}$

Solución.
Calculamos la proyección de la curva intersección entre ambas superficies en el plano XY, para lo cual eliminamos la z de las dos ecuaciones y completamos cuadrados.

$$\frac{1}{2}x + \frac{31}{32} = 2x^2 + y^2,$$
$$2x^2 - \frac{x}{2} + y^2 = \frac{31}{32},$$
$$2\left(x^2 - \frac{x}{4}\right) + y^2 = \frac{31}{32},$$
$$2\left(x^2 - 2\cdot\frac{1}{8}x + \frac{1}{64} - \frac{1}{64}\right) + y^2 = \frac{31}{32},$$
$$2\left(x - \frac{1}{8}\right)^2 + y^2 = 1,$$
$$\frac{\left(x - \frac{1}{8}\right)^2}{\left(\frac{1}{\sqrt{2}}\right)^2} + y^2 = 1.$$

Por tanto, se trata de una elipse con centro $\left(\frac{1}{8}, 0\right)$ y semiejes $\frac{1}{\sqrt{2}}$ y 1, lo que nos sugiere que tomemos el siguiente cambio de coordenadas:

$$\begin{cases} x = \frac{1}{8} + \frac{1}{\sqrt{2}}r\cos t \\ y = r\sin t \\ z = z \end{cases}$$

cuyo determinante del Jacobiano es $\frac{1}{\sqrt{2}} \cdot 1 \cdot r = \frac{r}{\sqrt{2}}$. Con este cambio, la variable r varía de 0 a 1 y la t de 0 a 2π. En efecto, parece claro que $0 \leq t \leq 2\pi$ y si queremos convencernos de que $0 \leq r \leq 1$, solo tenemos que sustituir el cambio de coordenadas en la ecuación de la elipse y despejar.

Por otro lado, la z varía desde el paraboloide hasta el plano, cuyas ecuaciones en las nuevas coordenadas son

$$z = 2\left(\frac{1}{8} + \frac{1}{\sqrt{2}}r\cos t\right)^2 + (r\sin t)^2,$$
$$z = \frac{1 + 32r^2 + 8\sqrt{2}r\cos t}{32}$$

para el paraboloide y

$$z = \frac{1}{2}\left(\frac{1}{8} + \frac{1}{\sqrt{2}} r\cos t\right) + \frac{31}{32},$$
$$z = \frac{8\sqrt{2} r\cos t + 33}{32}$$

para el plano.

El volumen pedido es, por tanto,

$$\int_0^{2\pi}\int_0^1\int_{\frac{1+32r^2+8\sqrt{2}r\cos t}{32}}^{\frac{8\sqrt{2}r\cos t+33}{32}} \frac{1}{\sqrt{2}} r\,dzdrdt = \frac{1}{\sqrt{2}}\int_0^{2\pi}\int_0^1 r\left(1-r^2\right)drdt$$
$$= \frac{2\pi}{\sqrt{2}}\int_0^1 \left(r-r^2\right)dr = \frac{\pi}{3\sqrt{2}}.$$

Ejercicio 6

Calcula el volumen comprendido entre $z = x^2 + 3y^2$ y $z = 9 - 2x^2$.

Solución.
En primer lugar, determinamos la proyección de la curva intersección entre ambas superficies en el plano XY, para lo cual eliminamos la z de las dos ecuaciones, esto es:

$$x^2 + 3y^2 = 9 - 2x^2 \Leftrightarrow 3x^2 + 3y^2 = 9 \Leftrightarrow x^2 + y^2 = 3$$

Por tanto, la proyección de la curva intersección entre ambas superficies es una circunferencia de radio $\sqrt{3}$ centrada en $(0,0)$.

Parece lógico pues emplear coordenadas cilíndricas para el cálculo del volumen pedido:

$$\begin{cases} x = r\cos t \\ y = r\sin t \\ z = z \end{cases}$$

cuyo determinante del Jacobiano es r. En estas coordenadas, se tiene que $0 \leq t \leq 2\pi$ y $0 \leq r \leq \sqrt{3}$. Asimismo, la variable z varía entre el paraboloide $z = x^2 + 3y^2 = r^2(\cos^2 t + 3\sin^2 t)$ y el cilindro parabólico $z = 9 - 2r^2\cos^2 t$.

El volumen pedido es, por tanto,

$$\iiint_V dxdydz = \int_0^{2\pi}\int_0^{\sqrt{3}}\int_{r^2(\cos^2 t+3\sin^2 t)}^{9-2r^2\cos^2 t} r\,dzdrdt$$
$$= \int_0^{2\pi}\int_0^{\sqrt{3}} 3(3r - r^3)drdt = \frac{27\pi}{2}.$$

Ejercicio 7

Calcula el volumen comprendido entre el hiperboloide de una hoja $x^2 + y^2 - z^2 = 1$ y el paraboloide $x^2 + y^2 = 7 - z$ para $z \geq 0$.

Solución.

Primero vamos a calcular a qué altura se cortan ambas superficies de revolución. Para ello, eliminamos $x^2 + y^2$ de ambas ecuaciones y nos queda $7 - z = 1 + z^2$ cuya soluciones son $z = -3$ y $z = 2$. Por tanto, se cortan a altura 2.
Usaremos un cambio a coordenadas cilíndricas y dividiremos la integral en dos trozos. En el primero, el radio r variará desde 0 a 1 y en el segundo desde 1 a $\sqrt{5}$. En el primer trozo la altura z varía desde 0 al paraboloide y en el segundo desde el hiperboloide hasta el paraboloide.

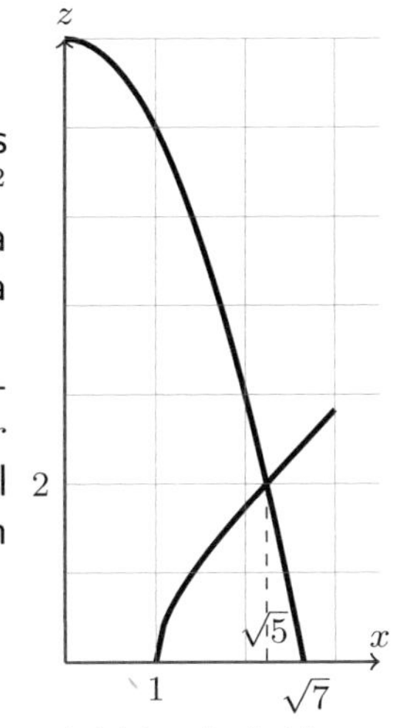

Por tanto, despejando z de las ecuaciones del paraboloide y del hiperboloide y sustituyendo el cambio a cilíndricas nos queda que el volumen pedido es

$$
\begin{aligned}
V &= \int_0^1 \int_0^{2\pi} \int_0^{7-r^2} r\, dz dt dr + \int_1^{\sqrt{5}} \int_0^{2\pi} \int_{\sqrt{r^2-1}}^{7-r^2} r\, dz dt dr \\
&= 2\pi \int_0^1 r(7-r^2) dr + 2\pi \int_1^{\sqrt{5}} r\left(7 - r^2 - \sqrt{r^2-1}\right) dr \\
&= 2\pi \int_0^1 r(7-r^2) dr + 2\pi \int_1^{\sqrt{5}} r(7-r^2) dr - 2\pi \int_1^{\sqrt{5}} r\sqrt{r^2-1} dr \\
&= 2\pi \int_0^{\sqrt{5}} r(7-r^2) dr - 2\pi \int_1^{\sqrt{5}} r\sqrt{r^2-1} dr \\
&= \frac{45\pi}{2} - \frac{2\pi}{3}\left[\left(r^2-1\right)^{\frac{3}{2}}\right]_1^{\sqrt{5}} = \frac{45\pi}{2} - \frac{16\pi}{3} = \frac{103\pi}{6}.
\end{aligned}
$$

Ejercicio 8

Dados $0 < a < b$ y $f : [a, b] \to \mathbb{R}$ una función positiva, considera la porción de plano XZ dada por

$$D = \{(x, 0, z) \in \mathbb{R}^3 : a \leq x \leq b,\ 0 \leq z \leq f(x)\}.$$

Calcula el volumen del sólido que se obtiene al girar D alrededor de:

a) El eje Z.
b) El eje X.

Aplica lo anterior para calcular el volumen del toro con ecuación

$$\left(R_0 - \sqrt{x^2+y^2}\right)^2 + z^2 = r_0^2$$

con $r_0 < R_0$.

Solución.

Llamemos V al sólido que se obtiene al girar D alrededor del eje Z. Para calcular su volumen vamos a tomar coordenadas cilíndricas

$$
\begin{cases}
x = r\cos u \\
y = r\sin u \\
z = z
\end{cases}
$$

Con este cambio, es claro que, para no salirnos de V, debe tenerse que $0 \leq u \leq 2\pi$ y $a \leq r \leq b$. Por otro lado, fijado un ángulo u y una distancia al origen r, la altura z varía desde 0 hasta donde nos indique la superficie que se obtiene al girar la función f alrededor del eje Z. Por construcción (se trata de un volumen de revolución), la altura de la superficie en un punto $(x, y) = (r\cos u, r\sin u)$ es la misma que en el punto $(r, 0)$, que evidentemente es $f(r)$. Dicho de otra manera, la superficie obtenida tiene altura constante a lo largo de las circunferencias centradas en el origen, siendo esta constante $f(r)$, donde r es el radio de la circunferencia.

Por tanto, el volumen pedido es

$$\begin{aligned}\int\int\int_V 1dxdydz = \int_0^{2\pi}\int_a^b\int_0^{f(r)} rdzdrdu &= 2\pi\int_a^b\int_0^{f(r)} rdzdrdu \\ &= 2\pi\int_a^b rf(r)dr.\end{aligned}$$

Esta fórmula también la podemos obtener intuitivamente si pensamos que el sólido V se puede descomponer en cilindros concéntricos con eje de revolución el eje Z. En efecto, para cada r en el intervalo $[a, b]$ del eje X, hay un cilindro de radio r y altura $f(r)$ que pasa por el punto $(r, 0, 0)$. El área de este cilindro es la longitud de la circunferencia por la altura, es decir $2\pi rf(r)$, por lo que el volumen del sólido V es

$$2\pi\int_a^b rf(r)dr.$$

Ahora llamamos W al sólido que se obtiene al girar D alrededor del eje X y tomamos el cambio a coordenadas cilíndricas

$$\begin{cases} x = x \\ y = r\cos u \\ z = r\sin u \end{cases}$$

Con este cambio, tenemos que $0 \leq u \leq 2\pi$ y $a \leq x \leq b$. Fijadas estas dos variables, la distancia r, que en este caso se mide en el plano YZ, varía desde 0 hasta donde nos indique la superficie que se obtiene al girar la función f alrededor del eje X. Igual que antes, por construcción, esto es $f(x)$ y, por tanto, el volumen pedido en este caso es

$$\int\int\int_W 1dxdydz = \int_0^{2\pi}\int_a^b\int_0^{f(x)} rdrdxdu = 2\pi\int_a^b \left[\frac{1}{2}r^2\right]_0^{f(x)} dx$$
$$= \pi\int_a^b f(x)^2dx.$$

Al igual que antes, esta fórmula la podemos obtener intuitivamente si descomponemos el sólido W en discos planos paralelos al plano YZ. Si para cada $x \in [a,b]$ cortamos W con un plano paralelo al YZ que pase por $(x,0,0)$ obtenemos un disco de centro $(x,0,0)$ y radio $f(x)$. El área de este disco es $\pi f(x)^2$, por lo que el volumen de W será

$$\pi\int_a^b f(x)^2dx.$$

Vamos a aplicar ahora lo anterior al caso del toro $\left(R_0 - \sqrt{x^2+y^2}\right)^2 + z^2 = r_0^2$. Si cortamos con el plano XZ, es decir, ponemos $y = 0$ en la ecuación del toro, nos queda la circunferencia

$$(R_0 - x)^2 + z^2 = r_0^2.$$

Al girar esta circunferencia alrededor del eje Z obtenemos el toro. Si despejamos z de la ecuación de la circunferencia obtenemos la función $f : [a,b] \to \mathbb{R}$ dada por

$$f(x) = \sqrt{r_0^2 - (R_0 - x)^2},$$

donde $a = R_0 - r_0$ y $b = R_0 + r_0$. Al girar esta función obtenemos la mitad superior (con $z \geq 0$) del toro, por lo que el volumen del toro completo será

$$
\begin{aligned}
V = 2\cdot 2\pi \int_{R_0-r_0}^{R_0+r_0} r\sqrt{r_0^2-(R_0-r)^2}dr \underbrace{=}_{s=r-R_0} & 4\pi \int_{-r_0}^{r_0} (s+R_0)\sqrt{r_0^2-s^2}ds \\
= 4\pi \int_{-r_0}^{r_0} s\sqrt{r_0^2-s^2}ds + & 4\pi R_0 \int_{-r_0}^{r_0} \sqrt{r_0^2-s^2}ds \\
= 4\pi \left[-\frac{1}{3}\left(r_0^2-s^2\right)^{\frac{3}{2}}\right]_{-r_0}^{r_0} + & 4\pi R_0 r_0 \int_{-r_0}^{r_0} \sqrt{1-\left(\frac{s}{r_0}\right)^2}ds \\
\underbrace{=}_{t=\frac{s}{r_0}} & 4\pi R_0 r_0^2 \int_{-1}^{1} \sqrt{1-t^2}dt.
\end{aligned}
$$

Para calcular una primitiva de $\int \sqrt{1-t^2}$ hacemos el cambio $t=\sin x$ y usamos la socorrida fórmula trigonométrica $\cos^2 x = \frac{1+\cos 2x}{2}$.

$$
\begin{aligned}
\int_{-1}^{1} \sqrt{1-t^2}dt \underbrace{=}_{t=\sin x} \int_{-\frac{\pi}{2}}^{\frac{\pi}{2}} \sqrt{1-\sin^2 x}\cos x dx &= \int_{-\frac{\pi}{2}}^{\frac{\pi}{2}} \cos^2 x dx \\
&= \int_{-\frac{\pi}{2}}^{\frac{\pi}{2}} \frac{1+\cos 2x}{2}dx = \frac{\pi}{2}.
\end{aligned}
$$

También podemos calcular $\int_{-1}^{1}\sqrt{1-t^2}dt$ haciendo un cambio de variable y usando la función beta de la siguiente forma.

$$
\begin{aligned}
\int_{-1}^{1} \sqrt{1-t^2}dt = 2\int_{0}^{1} \sqrt{1-t^2}dt \underbrace{=}_{s=t^2} \int_{0}^{1} \sqrt{1-s}\frac{1}{\sqrt{s}}ds &= \int_{0}^{1} (1-s)^{\frac{1}{2}} s^{-\frac{1}{2}} ds \\
= Be\left(\frac{3}{2},\frac{1}{2}\right) = \frac{\Gamma\left(\frac{3}{2}\right)\Gamma\left(\frac{1}{2}\right)}{\Gamma(2)} &= \frac{1}{2}\Gamma\left(\frac{1}{2}\right)^2 = \frac{\pi}{2}.
\end{aligned}
$$

En definitiva, el volumen del toro es $2\pi^2 R_0 r_0^2$.

6. INTEGRAL DE SUPERFICIE

6.1. CÁLCULO DE INTEGRALES DE SUPERFICIES Y FLUJOS

Ejercicio 1

Calcula $\int\int_S z^2 dS$ donde S es la esfera unidad.

Solución.
Tomamos como parametrización de la esfera unidad

$$X(u, v) = (\cos u \cos v, \sin u \cos v, \sin v)$$

con $0 < u < 2\pi$ y $-\frac{\pi}{2} < v < \frac{\pi}{2}$. Como tenemos que

$$\begin{aligned} X_u(u, v) &= (-\sin u \cos v, \cos u \cos v, 0), \\ X_v(u, v) &= (-\cos u \sin v, -\sin u \sin v, \cos v), \end{aligned}$$

entonces

$$\begin{aligned} E &= X_u \cdot X_u = \cos^2 v, \\ F &= X_u \cdot X_v = 0, \\ G &= X_v \cdot X_v = 1, \end{aligned}$$

con lo que $||X_u \times X_v|| = \sqrt{EG - F^2} = \sqrt{\cos^2 v} = \cos v$ (nótese que $\cos v$ es positivo para $-\frac{\pi}{2} < v < \frac{\pi}{2}$). Entonces

$$\int\int_S z^2 dS = \int_0^{2\pi} \int_{-\frac{\pi}{2}}^{\frac{\pi}{2}} \sin^2 v \cos v \, dv du = \frac{4\pi}{3}.$$

Ejercicio 2

Calcula $\int\int_S \left(y + \frac{2y^3}{z^2}\right) dS$ donde S es la superficie dada por $\Phi(u,v) = (u^2, uv, v)$ con $0 \leq u \leq 1$ y $1 \leq v \leq 2$.

Solución.
El enunciado nos proporciona directamente la parametrización y los límites de integración, por lo que sólo tendremos que calcular $||\Phi_u \times \Phi_v||$ y hacer la integral. Tenemos que

$$\Phi_u = (2u, v, 0),$$
$$\Phi_v = (0, u, 1),$$

por lo que $E = \Phi_u \cdot \Phi_u = 4u^2 + v^2$, $F = \Phi_u \cdot \Phi_v = uv$ y $G = \Phi_v \cdot \Phi_v = 1 + u^2$. Ahora

$$||\Phi_u \times \Phi_v|| = \sqrt{EG - F^2} = \sqrt{(4u^2 + v^2)(1 + u^2) - u^2 v^2} = \sqrt{4u^2 + v^2 + 4u^4}$$

y la integral pedida es

$$\begin{aligned}
\int\int_S \left(y + \frac{2y^3}{z^2}\right) dS &= \int_0^1 \int_1^2 \left(uv + 2\frac{u^3 v^3}{v^2}\right) \sqrt{4u^2 + v^2 + 4u^4} dv du \\
&= \int_0^1 \int_1^2 (u + 2u^3) v \sqrt{4u^2 + v^2 + 4u^4} dv du \\
&= \frac{1}{3} \int_0^1 (u + 2u^3) \left[(4u^2 + v^2 + 4u^4)^{\frac{3}{2}}\right]_1^2 du \\
&= \frac{1}{3} \int_0^1 (u + 2u^3) \left((4u^2 + 4 + 4u^4)^{\frac{3}{2}} - (4u^2 + 1 + 4u^4)^{\frac{3}{2}}\right) du \\
&= \frac{1}{60} \left[(4u^2 + 4 + 4u^4)^{\frac{5}{2}} - (4u^2 + 1 + 4u^4)^{\frac{5}{2}}\right]_0^1 = \frac{1}{60} \left(2^5 \sqrt{3^5} - 3^5 - 2^5 + 1\right).
\end{aligned}$$

Ejercicio 3

Calcula $\int\int_S (x+yz)dS$ donde S es:

a) La porción de cilindro $x^2+y^2=2$ con $0 \leq z \leq 2$ y $x \geq 0$.
b) La porción de plano $x+2y+z=1$ limitado por el cilindro $(x-1)^2+y^2=1$.
c) La porción de plano $y=2$ limitado por los planos $x=z$, $x=0$, $z=1$.
d) La porción de plano $x+y+z=1$ limitado por el cilindro $x^2+z^2=1$.
e) La porción de plano $z=3$ limitado por el cilindro $(x-1)^2+(y-2)^2=4$.

Solución.

a) La porción de cilindro indicada se parametriza como

$$X(u,v) = \left(\sqrt{2}\cos u, \sqrt{2}\sin u, v\right)$$

con $-\frac{\pi}{2} \leq u \leq \frac{\pi}{2}$ y $0 \leq r \leq 2$. Como

$$\begin{aligned} X_u(u,v) &= \left(-\sqrt{2}\sin u, \sqrt{2}\cos u, 0\right), \\ X_v(u,v) &= (0,0,1) \end{aligned}$$

entonces los coeficientes de la primera forma fundamental son $E = X_u \cdot X_u = 2$, $F = X_u \cdot X_v = 0$ y $G = X_v \cdot X_v = 1$. Por tanto, $||X_u \times X_v|| = \sqrt{EG-F^2} = \sqrt{2}$. La integral pedida será

$$\begin{aligned} \int\int_S (x+yz)dS &= \int_{-\frac{\pi}{2}}^{\frac{\pi}{2}} \int_0^2 \left(\sqrt{2}\cos u + \sqrt{2}v\sin u\right)\sqrt{2}dvdu \\ &= 2\sqrt{2}\int_{-\frac{\pi}{2}}^{\frac{\pi}{2}} (\cos u + \sin u)\, du = 4\sqrt{2}. \end{aligned}$$

b) Si parametrizamos la porción de plano como $X(u,v) = (u, v, 1-u-2v)$ entonces $||X_u \times X_v|| = \sqrt{6}$, con lo que

$$\int\int_S (x+yz)dS = \int\int_D \sqrt{6}(u+v(1-u-2v))dudv,$$

donde D es el círculo $(u-1)^2+v^2=1$. Hacemos el cambio de variable

$$\begin{cases} u = 1 + r\cos t \\ v = r\sin t \end{cases}$$

y la integral anterior es

$$\int\int_D \sqrt{6}(u+v(1-u-2v))dudv$$
$$= \sqrt{6}\int_0^{2\pi}\int_0^1 r(1+r\cos t + r\sin t(1-1-r\cos t-2r\sin t))drdt = \frac{\sqrt{6}\pi}{2}.$$

c) Como S es una porción de plano paralelo al plano XZ, entonces podemos hacer la integral directamente como

$$\int\int_S (x+yz)dS = \int\int_D (x+2z)dxdz,$$

donde D es el triángulo en el plano XZ con vértices $(0,0)$, $(1,1)$ y $(0,1)$. Luego

$$\int\int_D (x+2z)dxdz = \int_0^1\int_x^1 (x+2z)dzdx = \int_0^1 \left[xz+z^2\right]_x^1 dx$$
$$= \int_0^1 \left(x+1-2x^2\right) dx = \frac{5}{6}.$$

d) Si parametrizamos el plano $x+y+z=1$ como $X(u,v)=(u,1-u-v,v)$ entonces $||X_u \times X_v|| = \sqrt{3}$ y la integral pedida es

$$\int\int_S (x+yz)dS = \int\int_D (u+(1-u-v)v)\,dudv,$$

donde D es el interior del círculo $u^2+v^2=1$. Si pasamos a coordenadas polares, la integral anterior es

$$\int_0^{2\pi}\int_0^1 r(r\cos t + (1 - r\cos t - r\sin t)r\sin t)drdt = -\frac{\pi}{4}.$$

e) Como es un plano paralelo al plano XY, la integral de superficie la calculamos directamente como la integral doble $\int\int_D (x+3y)dxdy$ donde D es el interior del círculo $(x-1)^2+(y-2)^2 = 4$. Tomamos el cambio a polares desplazadas

$$\begin{cases} x = 1 + r\cos t \\ y = 2 + r\sin t \end{cases}$$

y nos queda

$$\int_0^{2\pi}\int_0^2 r(1 + r\cos t + 3(2 + r\sin t))drdt = 28\pi.$$

Ejercicio 4

Calcula directamente, esto es, aplicando su definición, el flujo exterior del campo $F(x, y, z) = (x, y, z)$ a través de:

a) La esfera unidad.
b) La porción de paraboloide $z = x^2 + y^2$ con $z \leq 2$.

Solución.

a) El campo unitario normal a la esfera unidad que apunta hacia el exterior es $N(x, y, z) = (x, y, z)$, con lo que $F \cdot N = x^2 + y^2 + z^2 = 1$, ya que estamos en una esfera de radio 1. El flujo pedido será, por tanto,

$$Flujo = \int\int_S F \cdot N dS = \int\int_S 1 dS = \text{Área}(S) = 4\pi.$$

b) Una parametrización del paraboloide es $X(u, v) = (u, v, u^2 + v^2)$. Como queremos quedarnos con la porción del paraboloide tal que $0 \leq z \leq 2$, entonces debe cumplirse que $u^2 + v^2 \leq 2$, es decir, los parámetros u y v viven dentro de la circunferencia centrada en el origen y con radio $\sqrt{2}$. A este dominio de $\mathbb{R}^2$ lo llamamos D. Tenemos que $X_u(u,v) = (1,0,2u)$ y $X_v(u,v) = (0,1,2v)$ por lo que

$$X_u \times X_v = \begin{vmatrix} i & j & k \\ 1 & 0 & 2u \\ 0 & 1 & 2v \end{vmatrix} = (-2u,-2v,1).$$

y entonces $F \cdot X_u \times X_v = (u,v,u^2+v^2)\cdot(-2u,-2v,1) = -u^2-v^2$. Ahora el flujo según el sentido del normal dado por esta parametrización es

$$\int\int_S F \cdot N dS = \int\int_D F \cdot X_u \times X_v \, dudv = -\int\int_D (u^2+v^2)\, dudv,$$

donde hemos dicho que D es el interior de la circunferencia $u^2+v^2=2$. Si hacemos una cambio a polares, nos queda

$$-\int\int_D (u^2+v^2)\, dudv = -\int_0^{2\pi}\int_0^{\sqrt{2}} r^3\, drdt = -2\pi.$$

Para saber si $X_u \times X_v$ apunta hacia el interior o exterior del paraboloide, basta comprobarlo en un punto. Tomamos por ejemplo $X(0,0) = (0,0,0)$, donde el vector normal será $(X_u \times X_v)(0,0) = (0,0,1)$, que claramente apunta hacia dentro del paraboloide. Por tanto, lo que hemos calculado con la parametrización $X(u,v)$ es el flujo interior y el flujo exterior es 2π.

Ejercicio 5

Usa la definición para calcular el flujo del campo $F(x,y,z) = (x,y,z)$ a través de la porción de paraboloide $z = x^2+y^2$ limitada por el plano $z = 2x$.

Solución.
Resolveremos este ejercicio utilizando dos parametrizaciones distintas de la porción de paraboloide descrita en el enunciado.

En primer lugar, usaremos la parametrización del paraboloide dada por $X(r,u) = (r\cos u, r\sin u, r^2)$. Si sustituimos esta parametrización en la ecuación del plano nos da que $r^2 = 2r\cos u$, es decir, $r = 2\cos u$. Por tanto, como el parámetro r

siempre es positivo, si no queremos salirnos de la porción de paraboloide que nos indican, deberá tenerse que $-\frac{\pi}{2} \leq u \leq \frac{\pi}{2}$ y $0 \leq r \leq 2\cos u$.

Por otro lado,

$$X_r \times X_u = \begin{vmatrix} i & j & k \\ \cos u & \sin u & 2r \\ -r\sin u & r\cos u & 0 \end{vmatrix} = \left(-2r^2\cos u, -2r^2\sin u, r\right),$$

con lo que

$$F \cdot X_r \times X_u = r\cos u \cdot (-2r^2\cos u) + r\sin u \cdot (-2r^2\sin u) + r^2 \cdot r = -r^3$$

y el flujo vendrá dado por

$$\begin{aligned} -\int_{-\frac{\pi}{2}}^{\frac{\pi}{2}} \int_0^{2\cos u} r^3\, dr du &= -4\int_{-\frac{\pi}{2}}^{\frac{\pi}{2}} \cos^4 u\, du = -8\int_0^{\frac{\pi}{2}} \cos^4 u\, du \\ &= -4 \cdot Be\left(\frac{5}{2}, \frac{1}{2}\right) = -4\frac{\Gamma\left(\frac{5}{2}\right)\Gamma\left(\frac{1}{2}\right)}{\Gamma(3)} = -\frac{3\pi}{2}, \end{aligned}$$

siendo Be y Γ las funciones beta y gamma.

Vamos a usar ahora la parametrización del paraboloide dada por $X(u,v) = (u, v, u^2 + v^2)$ y así comprobaremos que nos da el mismo resultado. Igual que antes, si sustituimos esta parametrización en la ecuación del plano tenemos que $u^2 + v^2 = 2u$. Si completamos cuadrados

$$\begin{aligned} u^2 - 2u + 1 + v^2 &= 1 \\ (u-1)^2 + v^2 &= 1 \end{aligned}$$

con lo cual, en este caso, los parámetros u y v toman valores en la circunferencia centrada en $(1,0)$ y de radio 1. Como $X_u \times X_v = (-2u, -2v, 1)$, tenemos que $F \cdot X_u \times X_v = -u^2 - v^2$. Si llamamos D al interior de la circunferencia $(u-1)^2 + v^2 = 1$, entonces el flujo se calcula como

$$-\int\int_D (u^2 + v^2)\, dudv.$$

Para determinar dicha integral, haremos un cambio a coordenadas polares, esto es,

$$\begin{cases} u = r\cos t \\ v = r\sin t \end{cases}$$

Como D es la circunferencia unidad centrada en $(1,0)$, está claro que el parámetro t varía desde $-\frac{\pi}{2}$ a $\frac{\pi}{2}$. Para saber cómo varía el parámetro r sustituimos en la ecuación de la circunferencia $u^2+v^2=2u$, lo que nos proporciona la ecuación $r=2\cos t$. Por tanto,

$$-\int\int_D (u^2+v^2)\,dudv = -\int_{-\frac{\pi}{2}}^{\frac{\pi}{2}}\int_0^{2\cos t} r^3\,drdt,$$

que es la misma integral que nos quedó antes.

Ejercicio 6

Calcula directamente, es decir, aplicando su definición, el flujo exterior del campo $F(x,y,z) = (yz, x^2, y\cos z)$ a través de la superficie S formada por la porción de cilindro $x^2+y^2=2$ en la región $y\geq 0$, $0\leq z\leq 3$ y la cara plana $y=0$ limitada por el cilindro y los planos $z=0$, $z=3$.

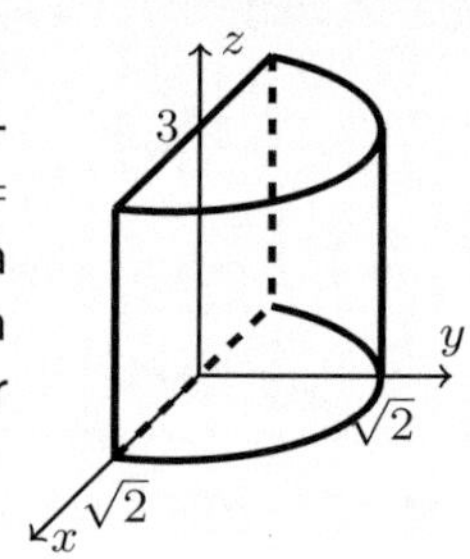

Solución.
Consideramos primero la cara cilíndrica de la superficie S, que llamamos S_1. Esta cara la podemos parametrizar como $X(r,u) = (\sqrt{2}\cos u, \sqrt{2}\sin u, r)$ con $0\leq u\leq \pi$ y $0\leq r\leq 3$. Como $X_r(r,u) = (0,0,1)$ y $X_u(r,u) = (-\sqrt{2}\sin u, \sqrt{2}\cos u, 0)$ entonces

$$X_r\times X_u = \begin{vmatrix} i & j & k \\ 0 & 0 & 1 \\ -\sqrt{2}\sin u & \sqrt{2}\cos u & 0 \end{vmatrix} = (-\sqrt{2}\cos u, -\sqrt{2}\sin u, 0).$$

El vector normal que obtenemos con esta parametrización en el punto $X(0,0) = (\sqrt{2},0,0)$ es $(X_r\times X_u)(0,0) = (-\sqrt{2},0,0)$, que apunta hacia dentro del cilindro. Por tanto, el flujo exterior a través de la cara cilíndrica S_1 es

$$-\int_0^{\pi}\int_0^3 F\cdot X_r\times X_u\,drdu=-\int_0^{\pi}\int_0^3(-2r\cos u\sin u-2\sqrt{2}\cos^2 u\sin u)drdu$$
$$=\int_0^{\pi}(9\cos u\sin u+6\sqrt{2}\cos^2 u\sin u)du=\frac{9}{2}\left[\cos^2 u\right]_0^{\pi}-2\sqrt{2}\left[\cos^3 u\right]_0^{\pi}=4\sqrt{2}.$$

Llamamos S_2 a la cara de S contenida en el plano $y=0$. En este caso, el vector normal que apunta al exterior es $N=(0,-1,0)$, con lo que el flujo es

$$\int\int_{S_2}-x^2dxdz=\int_{-\sqrt{2}}^{\sqrt{2}}\int_0^3-x^2\,dzdx=-\sqrt{2^5}=-4\sqrt{2}.$$

Por tanto, el flujo total es 0.

Ejercicio 7

Calcula el flujo del campo

$$F(x,y,z)=\frac{1}{\sqrt{1-z^2}}(x,y,z)$$

a través de la porción S de esfera $x^2+y^2+z^2=1$ que determina el cilindro $x^2+y^2=y$ con $0\leq z$.

Solución.
Una parametrización de la superficie de la esfera (de radio unidad) es

$$X(u,v)=(\cos u\cos v,\sin u\cos v,\sin v)$$

con $0\leq u\leq 2\pi$ y $-\frac{\pi}{2}\leq v\leq\frac{\pi}{2}$. Con esta parametrización se tiene $||X_u\times X_v||=\sqrt{\cos^2 v}=\cos v$. Obsérvese que no es necesario escribir $|\cos v|$ al simplificar porque $\cos v$ es positivo para $-\frac{\pi}{2}\leq v\leq\frac{\pi}{2}$.

Para restringirnos a la porción que nos interesa debemos sustituir esta parametrización en las ecuaciones del cilindro y en $0\leq z$ para saber qué condiciones impone a los parámetros. Hay que observar que completando cuadrados podemos expresar el cilindro que nos dan como $x^2+\left(y-\frac{1}{2}\right)^2=\frac{1}{4}$ y la porción de esfera S está dentro de este cilindro, es decir, que $x^2+\left(y-\frac{1}{2}\right)^2\leq\frac{1}{4}$, o lo que es lo mismo, $x^2+y^2\leq y$.

Si sustituimos en $0 \leq z$ nos queda $0 \leq \sin v$ lo que implica que $0 \leq v \leq \frac{\pi}{2}$. Si sustituimos en el cilindro, obtenemos

$$\begin{aligned}\cos^2 v &\leq \sin u \cos v,\\ \cos v &\leq \sin u.\end{aligned}$$

donde la última desigualdad se deduce gracias a que $\cos v \geq 0$, para $0 \leq v \leq \frac{\pi}{2}$. Esto, además, implica que $\sin u \geq 0$, con lo que $0 \leq u \leq \pi$.

Usando que $\arcsin : [-1, 1] \to \left[-\frac{\pi}{2}, \frac{\pi}{2}\right]$ es una función creciente, tenemos que

$$\arcsin \cos v \leq u.$$

Si derivamos la función $\arcsin \cos v$ nos queda

$$\frac{d}{dv} \arcsin \cos v = \frac{-\sin v}{\sqrt{1 - \cos^2 v}} = -\frac{\sin v}{|\sin v|}.$$

Como sabemos que $0 \leq \sin v$ entonces $\frac{d}{dv} \arcsin \cos v = -1$ y como $\arcsin \cos 0 = \arcsin 1 = \frac{\pi}{2}$ entonces

$$\arcsin \cos v = \frac{\pi}{2} - v,$$

con lo que finalmente obtenemos la condición

$$\frac{\pi}{2} - v \leq u.$$

Por otro lado, en el caso de la esfera unidad con centro en el origen, el vector normal unitario (exterior) viene dado en cada punto (x, y, z) de la esfera por $N(x, y, z) = (x, y, z)$. Por tanto,

$$F \cdot N = \frac{1}{\sqrt{1 - z^2}} \left(x^2 + y^2 + z^2\right) = \frac{1}{\sqrt{1 - z^2}}$$

y el flujo pedido será

$$\int\int_S F \cdot N dS = \int\int_S \frac{1}{\sqrt{1 - z^2}} dS.$$

Como la porción de esfera que nos dan es simétrica, no quedamos en la parte $x \geq 0$. De esta forma, el límite superior del parámetro u es $\frac{\pi}{2}$ y la integral anterior la calculamos como

$$2\int_0^{\frac{\pi}{2}}\int_{\frac{\pi}{2}-v}^{\frac{\pi}{2}} \frac{1}{\sqrt{1-\sin^2 v}}||X_u \times X_v||dudv = 2\int_0^{\frac{\pi}{2}}\int_{\frac{\pi}{2}-v}^{\frac{\pi}{2}} \frac{\cos v}{|\cos v|}dudv.$$

Como $0 \leq v \leq \frac{\pi}{2}$ entonces $0 \leq \cos v$ y podemos continuar la integral anterior como

$$2\int_0^{\frac{\pi}{2}}\int_{\frac{\pi}{2}-v}^{\frac{\pi}{2}} 1\,dudv = \frac{\pi^2}{4}.$$

Ejercicio 8

Consideramos S el trozo del plano $z = 2x + 3$ delimitado por el paraboloide $z = x^2 + y^2$. Calcula el flujo del campo F a través de S, donde F es:

a) $F(x, y, z) = (y, 0, 2y)$.

b) $F(x, y, z) = (y, x^2, z)$.

Solución.

a) En el caso de un plano, el campo normal es constante y viene dado por los coeficientes que multiplican a las variables en su ecuación cartesiana. Así pues, para el plano con ecuación cartesiana $2x - z = -3$, tomamos el campo normal $(2, 0, -1)$. Si, además, queremos que sea unitario, dividimos por su norma y nos da $N = \frac{1}{\sqrt{5}}(2, 0, -1)$.

Como $F \cdot N = 0$, el flujo pedido es

$$\int\int_S F \cdot N dS = 0.$$

b) En este caso, $F \cdot N = \frac{1}{\sqrt{5}}(2y - z)$, por lo que tenemos que calcular

$$\int\int_S F \cdot N dS = \frac{1}{\sqrt{5}}\int\int_S (2y - z)\, dS.$$

Equivalentemente, si tomamos una parametrización $X(r,u) : D \subset \mathbb{R}^2 \to S \subset \mathbb{R}^3$ de S, entonces la integral de flujo a determinar vendrá dada por

$$\int\int_S F \cdot N dS = \int\int_D F \cdot X_r \times X_u \, drdu.$$

Para obtener una parametrización de S eliminamos la z usando la ecuación del plano y del paraboloide, lo que nos da que la proyección de la intersección sobre el plano XY es $2x + 3 = x^2 + y^2$. Completamos cuadrados en esta expresión.

$$\begin{aligned} x^2 - 2x + 1 + y^2 &= 4, \\ (x-1)^2 + y^2 &= 4, \end{aligned}$$

por lo que se trata de una circunferencia de centro $(1, 0)$ y radio 2. Por tanto, podemos parametrizar S como

$$X(r,u) = (1 + r\cos u, r\sin u, 5 + 2r\cos u)$$

con $0 \le u \le 2\pi$ y $0 \le r \le 2$. Un cálculo directo nos da $X_r \times X_u = (-2r, 0, r)$ por lo que $F \cdot X_r \times X_u = -2r^2 \sin u + 5r + 2r^2 \cos u$ y el flujo pedido es

$$\begin{aligned} &\int_0^{2\pi}\int_0^2 \left(-2r^2 \sin u + 5r + 2r^2 \cos u\right) drdu \\ &= \int_0^2\int_0^{2\pi} \left(-2r^2 \sin u + 5r + 2r^2 \cos u\right) dudr = 10\pi \int_0^2 r\, dr = 20\pi. \end{aligned}$$

6.2. ÁREAS DE SUPERFICIES

Ejercicio 1

Calcula el área de la porción de paraboloide $z = 3 - x^2 - y^2$ limitado por la esfera $x^2 + y^2 + z^2 = 5$.

Solución.
Una parametrización del paraboloide es $X(r,u) = (r\cos u, r\sin u, 3-r^2)$. Está claro que $0 \le u \le 2\pi$, pero para saber en qué intervalo varía r debemos calcular a qué altura se cortan el paraboloide y la esfera (nótese que dicho corte genera sendas circunferencias). Para ello, eliminamos x^2+y^2 de ambas ecuaciones y nos queda

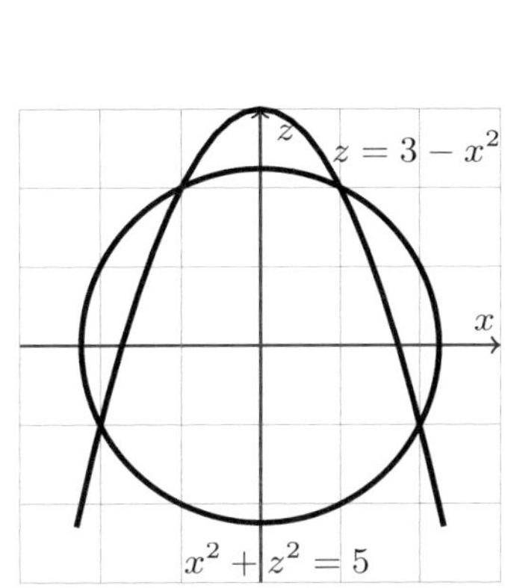

$$3 - z + z^2 = 5,$$

con lo que $z = 2$ y $z = -1$.

Por tanto, la última componente de la parametrización del paraboloide debe variar entre -1 y 2, es decir,

$$\begin{aligned} -1 &\le 3 - r^2 \le 2, \\ 1 &\le r^2 \le 4, \\ 1 &\le r \le 2. \end{aligned}$$

Es decir, si llamamos S al trozo de paraboloide que nos indican, entonces para no salirnos de S debe cumplirse que $0 \le u \le 2\pi$ y $1 \le r \le 2$.

Como $X_r = (\cos u, \sin u, -2r)$ y $X_u = (-r\sin u, r\cos u, 0)$ entonces

$$X_r \times X_u = \begin{vmatrix} i & j & k \\ \cos u & \sin u & -2r \\ -r\sin u & r\cos u & 0 \end{vmatrix} = (2r^2\cos u, 2r^2\sin u, r)$$

y por tanto, el área pedida es

$$\begin{aligned} \int\int_S 1dS &= \int_0^{2\pi}\int_1^2 ||X_r \times X_u||drdu = \int_0^{2\pi}\int_1^2 r\sqrt{1+4r^2}drdu \\ &= 2\pi\int_1^2 r\sqrt{1+4r^2}dr = 2\pi\left[\frac{1}{12}\left(1+4r^2\right)^{\frac{3}{2}}\right]_1^2 = \frac{\sqrt{17^3}-\sqrt{5^3}}{6}\pi. \end{aligned}$$

Ejercicio 2

Dado $D \subset \mathbb{R}^2$ y $f : D \to \mathbb{R}$ calcula el área de la superficie dada por $z = f(x, y)$ con $(x, y) \in D$. Aplícalo para calcular el área del paraboloide $z = 4 - x^2 - y^2$ con $0 \leq z$.

Solución.
Un parametrización es $X(u, v) = (u, v, f(u, v))$ con $(u, v) \in D$, por lo que

$$X_u(u, v) = \left(1, 0, \frac{\partial f}{\partial u}(u, v)\right),$$
$$X_v(u, v) = \left((0, 1, \frac{\partial f}{\partial v}(u, v)\right).$$

Ahora

$$E(u, v) = X_u(u, v) \cdot X_u(u, v) = 1 + \left(\frac{\partial f}{\partial u}\right)^2,$$
$$F(u, v) = X_u(u, v) \cdot X_v(u, v) = \frac{\partial f}{\partial u}\frac{\partial f}{\partial v},$$
$$G(u, v) = X_v(u, v) \cdot X_v(u, v) = 1 + \left(\frac{\partial f}{\partial v}\right)^2,$$

por lo que $||X_u \times X_v|| = \sqrt{EG - F^2} = \sqrt{1 + \left(\frac{\partial f}{\partial u}\right)^2 + \left(\frac{\partial f}{\partial v}\right)^2}$ y el aŕea de la superficie $z = f(x, y)$ viene dada por

$$\int\int_D \sqrt{1 + \left(\frac{\partial f}{\partial u}\right)^2 + \left(\frac{\partial f}{\partial v}\right)^2} dudv.$$

Consideramos ahora el caso particular del paraboloide $z = 4 - x^2 - y^2$. Si queremos el trozo con $0 \leq z$ entonces debe cumplirse que $x^2 + y^2 \leq 4$, es decir, en este caso $D = \{(x, y) \in \mathbb{R}^2 : x^2 + y^2 \leq 4\}$. Aplicando la fórmula obtenida antes, el área será

$$\int\int_D \sqrt{1 + 4x^2 + 4y^2} dxdy.$$

Si hacemos un cambio a coordenadas polares, esta integral es

$$\int_0^{2\pi}\int_0^2 r\sqrt{1+4r^2}drd\theta = 2\pi\int_0^2 r\sqrt{1+4r^2}dr = \frac{\pi}{6}\left[\left(1+4r^2\right)^{\frac{3}{2}}\right]_0^2$$
$$= \frac{\sqrt{17^3}-1}{6}\pi.$$

Ejercicio 3

Dada la esfera $x^2+y^2+z^2=R^2$ calcula.

a) Su área.
b) El área de la porción en la región $0 \leq z$ limitada por el cono $z^2 = x^2+y^2$.
c) El área de la porción en la región $0 \leq z$ y $0 \leq x$ delimitada por el cilindro $x^2+\left(y-\frac{R}{2}\right)^2 = \left(\frac{R}{2}\right)^2$.

Solución.

a) Tomamos la parametrización de la esfera

$$X(u,v) = (R\cos u\cos v, R\sin u\cos v, R\sin v)$$

con $0 \leq u < 2\pi$ y $-\frac{\pi}{2} \leq v \leq \frac{\pi}{2}$. Como

$$X_u = (-R\sin u\cos v, R\cos u\cos v, 0),$$
$$X_v = (-R\cos u\sin v, -R\sin u\sin v, R\cos v),$$

entonces tenemos que

$$X_u \times X_v = \begin{vmatrix} i & j & k \\ -R\sin u\cos v & R\cos u\cos v & 0 \\ -R\cos u\sin v & -R\sin u\sin v & R\cos v \end{vmatrix}$$
$$= \left(R^2\cos u\cos^2 v, R^2\sin u\cos^2 v, R^2\cos v\sin v\right)$$

con lo que $||X_u \times X_v|| = R^2\cos v$. El área viene dada por

$$\int\int_S 1dS = \int_0^{2\pi}\int_{-\frac{\pi}{2}}^{\frac{\pi}{2}} ||X_u \times X_v||\, dvdu = R^2\int_0^{2\pi}\int_{-\frac{\pi}{2}}^{\frac{\pi}{2}} \cos v\, dvdu = 4\pi R^2.$$

b) Hemos de establecer el rango en el que varían los parámetros que parametrizan la porción de esfera con $z \geq 0$ determinada por el cono.

Está claro que el parámetro u, que es el que mide el ángulo sobre el plano XY, varía desde 0 hasta 2π. El parámetro v, que mide el ángulo de elevación sobre el plano XY, varía desde el cono hasta $\frac{\pi}{2}$. Tal y como se puede ver en el dibujo. Cuando estamos sobre el cono este ángulo vale $\frac{\pi}{4}$, por lo que el área pedida es

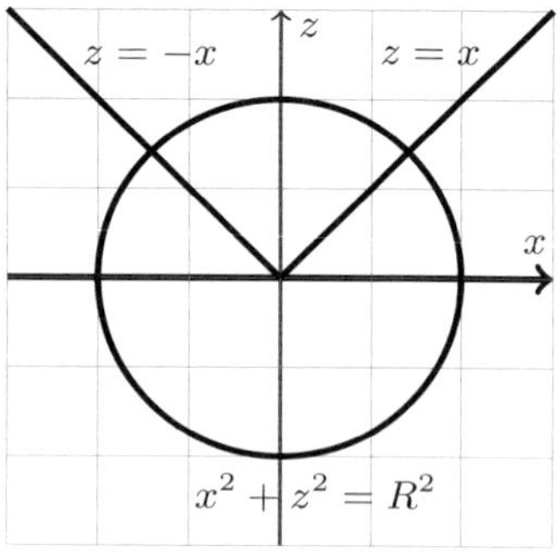

$$\int_0^{2\pi}\int_{\frac{\pi}{4}}^{\frac{\pi}{2}} ||X_u \times X_v||\, dudv = R^2\int_0^{2\pi}\int_{\frac{\pi}{4}}^{\frac{\pi}{2}} \cos v\, dudv = 2\pi R^2\int_{\frac{\pi}{4}}^{\frac{\pi}{2}} \cos v\, dv$$
$$= 2\pi R^2\left(1-\frac{\sqrt{2}}{2}\right).$$

c) Como estamos en la región $0 \leq z$ está claro que $0 \leq v \leq \frac{\pi}{2}$ y como estamos en la región $0 \leq x$ entonces el límite superior del parámetro u es $\frac{\pi}{2}$ (nótese que la ecuación del cilindro obliga a que $y \geq 0$).

Por otro lado, si escribimos el cilindro $x^2 + \left(y-\frac{R}{2}\right)^2 = \left(\frac{R}{2}\right)^2$ como $x^2 + y^2 = Ry$ y sustituimos la parametrización de la esfera, nos queda $\cos^2 v = \sin u \cos v$, es decir, $\cos v = \sin u$ ya que $\cos v \geq 0$. Como $\arcsin : [-1,1] \to \left[-\frac{\pi}{2}, \frac{\pi}{2}\right]$ es creciente, tenemos que $\arcsin\cos v = u$, con lo cual el parámetro u varía desde $\arcsin\cos v$ hasta $\frac{\pi}{2}$.

Derivando y evaluando en 0 podemos comprobar fácilmente que $\arcsin\cos v = \frac{\pi}{2} - v$ para $0 \leq v \leq \frac{\pi}{2}$, por lo que el área pedida será

$$\int_0^{\frac{\pi}{2}}\int_{\frac{\pi}{2}-v}^{\frac{\pi}{2}} ||X_u \times X_v|| dudv = \int_0^{\frac{\pi}{2}}\int_{\frac{\pi}{2}-v}^{\frac{\pi}{2}} R^2\cos v\, dudv = R^2\int_0^{\frac{\pi}{2}} v\cos v\, dv$$
$$= R^2\left[v\sin v + \cos v\right]_0^{\frac{\pi}{2}} = R^2\left(\frac{\pi}{2}-1\right).$$

Ejercicio 4

Calcula el área de la porción de cilindro $x^2 + (y - R)^2 = R^2$ limitado por la esfera $x^2 + y^2 + z^2 = (2R)^2$.

Solución.

Como la figura es simétrica, vamos a considerar sólo la parte que corresponde a $z \geq 0$. Una parametrización del cilindro es $X(u, v) = (R\cos u, R + R\sin u, v)$ con $0 \leq u \leq 2\pi$ y $v \in \mathbb{R}$, pero queremos sólo la porción de cilindro que nos indican. Para saber cómo varían los parámetros en esta porción sustituimos la parametrización en la ecuación de la esfera. Nos quedaría

$$\begin{aligned} R^2\cos^2 u + (R + R\sin u)^2 + v^2 &= 4R^2, \\ v^2 + 2R^2 \sin u &= 2R^2, \\ v &= \sqrt{2}R\sqrt{1 - \sin u}, \end{aligned}$$

con lo que $0 \leq u \leq 2\pi$ y $0 \leq v \leq \sqrt{2}R\sqrt{1 - \sin u}$ (recordemos que vamos a tomar $z \geq 0$). Como

$$\begin{aligned} X_u(u, v) &= (-R\sin u, R\cos u, 0), \\ X_v(u, v) &= (0, 0, 1) \end{aligned}$$

entonces $E = X_u \cdot X_u = R^2$, $F = X_u \cdot X_v = 0$ y $G = X_v \cdot X_v = 1$ y por tanto $||X_u \times X_v|| = \sqrt{EG - F^2} = R$. Ahora, el área de la porción con $z \geq 0$ del cilindro es

$$\begin{aligned} \int_0^{2\pi} \int_0^{\sqrt{2}R\sqrt{1-\sin u}} ||X_u \times X_v|| dv du &= \int_0^{2\pi} \int_0^{\sqrt{2}R\sqrt{1-\sin u}} R dv du \\ &= \sqrt{2}R \int_0^{2\pi} \sqrt{1 - \sin u} du. \end{aligned}$$

Para resolver $\int_0^{2\pi} \sqrt{1 - \sin u} du$ recurrimos como siempre a la fórmula trigonométrica $2\sin^2 t = 1 - \cos 2t$ y a $\sin u = \cos\left(u - \frac{\pi}{2}\right)$. De esta forma podemos escribir

$$\sqrt{1 - \sin u} = \sqrt{1 - \cos\left(u - \frac{\pi}{2}\right)} = \sqrt{1 - \cos\left(2\frac{u - \frac{\pi}{2}}{2}\right)} = \sqrt{2\sin^2\left(\frac{2u - \pi}{4}\right)}.$$

Si hacemos un cambio cambio de variable y tenemos en cuenta la periodicidad de la función seno podemos escribir la integral anterior como

$$\begin{aligned}\int_0^{2\pi} \sqrt{1-\sin u}du = \sqrt{2}\int_0^{2\pi} \left|\sin\left(\frac{2u-\pi}{4}\right)\right|du \underset{t=\frac{2u-\pi}{4}}{=} 2\sqrt{2}\int_{-\frac{\pi}{4}}^{\frac{3\pi}{4}} |\sin t|dt \\ = 2\sqrt{2}\int_0^{\pi} \sin t = 4\sqrt{2}.\end{aligned}$$

Por tanto, el área de la porción de cilindro con $z \geq 0$ es $8R$.

Ejercicio 5

Dado el cono $x^2+y^2=z^2$ en la región $z \geq 0$ calcula el área de la porción limitada por:

a) $x^2+y^2=2$.
b) $x^2+y^2=2y$.
c) $x=0$, $x=1$, $y=0$, $y=1$.

Solución.

a) Una parametrización del cono es $X(r,u)=(r\cos u, r\sin u, r)$ con $0<r$ y $0<u<2\pi$. Como queremos restringirnos a la región del cono que determina el cilindro $x^2+y^2=2$ tendremos que $0 \leq r \leq \sqrt{2}$ y $0 \leq u \leq 2\pi$ (recordemos que r y u miden la distancia y ángulo en el plano XY).

Como $X_r=(\cos u, \sin u, 1)$ y $X_u=(-r\sin u, r\cos u, 0)$, entonces tenemos que

$$X_r \times X_u = \begin{vmatrix} i & j & k \\ \cos u & \sin u & 1 \\ -r\sin u & r\cos u & 0 \end{vmatrix} = (-r\cos u, -r\sin u, r)$$

y por tanto $||X_r \times X_u|| = \sqrt{2}r$. Luego el área pedida es

$$\int_0^{2\pi}\int_0^{\sqrt{2}} ||X_r \times X_u||drdu = \int_0^{2\pi}\int_0^{\sqrt{2}} \sqrt{2}r\, drdu = \sqrt{8}\pi.$$

b) Completando cuadrados en $x^2+y^2=2y$ nos queda $x^2+(y-1)^2=1$, con lo cual se trata de un cilindro centrado en $(0,1,0)$ y radio 1. Como queremos restringirnos a la región del cono que determina el cilindro, los parámetros r y u de la parametrización del cono variarán en un dominio D que vamos a determinar. La región interior al cilindro viene dada por la inecuación $x^2+(y-1)^2<1$, es decir, $x^2+y^2<2y$. Si sustituimos la parametrización del cono en esta inecuación nos queda

$$\begin{aligned} r^2 &< 2r\sin u, \\ r &< 2\sin u, \end{aligned}$$

pues $r>0$.

Por tanto, los límites de integración son $0\leq u\leq\pi$ y $0\leq r\leq 2\sin u$ y el área pedida es

$$\begin{aligned} \int_0^{\pi}\int_0^{2\sin u}||X_r\times X_u||drdu &= \int_0^{\pi}\int_0^{2\sin u}\sqrt{2}r\,drdu = \frac{4}{\sqrt{2}}\int_0^{\pi}\sin^2 u\,du \\ &= \frac{4}{\sqrt{2}}\int_0^{\pi}\frac{1-\cos 2u}{2}du = \sqrt{2}\pi. \end{aligned}$$

c) Los parámetros r y u tienen que restringirse al cuadrado unidad en el primer cuadrante. Como el cono es simétrico, basta con que nos restrinjamos a la mitad del cuadrado cortado por $y=x$. De esta forma, el parámetro u (que mide el ángulo en el plano XY) varía de 0 a $\frac{\pi}{4}$. Para saber cómo varía el parámetro r sustituimos la parametrización del cono en la ecuación $x=1$ y nos queda $r\cos u=1$, con lo que $0\leq r\leq\frac{1}{\cos u}$. Por tanto, el área pedida es

$$2\int_0^{\frac{\pi}{4}}\int_0^{\frac{1}{\cos u}}\sqrt{2}r\,drdu = \sqrt{2}\int_0^{\frac{\pi}{4}}\frac{1}{\cos^2 u}du = \sqrt{2}\left[\tan u\right]_0^{\frac{\pi}{4}} = \sqrt{2}.$$

Ejercicio 6

Calcula el área del trozo de cilindro $y^2+(z-1)^2=1$ limitado por los planos $x=0$ y $z=x-2$.

Solución.
Tomamos la parametrización del cilindro $X(r,u) = (r, \cos u, 1 + \sin u)$. Como $X_r = (1,0,0)$ y $X_u = (0, -\sin u, \cos u)$ entonces

$$X_r \times X_u = \begin{vmatrix} i & j & k \\ 1 & 0 & 0 \\ 0 & -\sin u & \cos u \end{vmatrix} = (0, -\cos u, -\sin u)$$

y por tanto $||X_r \times X_u|| = 1$. Ahora hay que ver dónde varían los parámetros para que no nos salgamos del trozo de cono que nos indican. Claramente el parámetro u varía desde 0 a 2π. Si sustituimos en las ecuaciones de los planos que nos dan nos queda $r = 0$ y $3 + \sin u = r$, por lo que la integral que tenemos que calcular es

$$\int_0^{2\pi} \int_0^{3+\sin u} ||X_r \times X_u|| dr du = \int_0^{2\pi} (3 + \sin u) du = 6\pi.$$

Ejercicio 7

Considera el tronco de cono S cuya ecuación es $(z-1)^2 = x^2 + y^2$ con $0 \leq z \leq 1$.

a) Calcula un campo normal y unitario que apunte hacia fuera del cono.
b) Calcula el área de S.

Solución.

a) Primero tomaremos coordenadas polares en XY, esto es,

$$\begin{cases} x = r\cos u \\ y = r \sin u \end{cases}$$

Ahora, sustituimos x e y en la ecuación del cono y despejamos z para obtener la parametrización

$$X(r,u) = (r\cos u, r\sin u, 1 + r)$$

con $0 \leq u \leq 2\pi$. Como $0 \leq z \leq 1$ debe tenerse que $0 \leq 1 + r \leq 1$. Por lo tanto, para quedarnos en la porción de cono pedido se debe tener que $-1 \leq r \leq 0$.

Hay que observar que, aunque el parámetro r proviene de hacer un cambio a polares y, por la tanto, representa la distancia al origen, no supone ningún problema que en la parametrización $X(r, u)$ el parámetro r tome valores negativos. El único incoveniente es que, de este modo, el parámetro u ya no mide el ángulo en el plano XY con respecto al eje X.

Derivando tenemos que $X_r = (\cos u, \sin u, 1)$ y $X_u = (-r \sin u, r \cos u, 0)$, con lo que

$$X_r \times X_u = \begin{vmatrix} i & j & k \\ \cos u & \sin u & 1 \\ -r \sin u & r \cos u & 0 \end{vmatrix} = (-r \cos u, -r \sin u, r).$$

y $||X_r \times X_u|| = \sqrt{2r^2}$. Aquí hay que tener mucho cuidado al simplificar, porque $-1 \leq r \leq 0$, con lo que $\sqrt{r^2} = -r$. Así, el campo normal y unitario viene dado por

$$N = \frac{1}{\sqrt{2}}(\cos u, \sin u, -1).$$

Para saber hacia dónde apunta dicho campo, estudiamos su sentido en un punto concreto. Tomamos, por ejemplo, $X(-1, 0) = (-1, 0, 0)$, donde el vector normal unitario es $N(-1, 0) = \left(\frac{1}{\sqrt{2}}, 0, -\frac{1}{\sqrt{2}}\right)$ que apunta hacia dentro del cono. Para obtener un campo normal y unitario que apunte hacia fuera tomamos

$$N = \frac{1}{\sqrt{2}}(-\cos u, -\sin u, 1).$$

b) Usando la parametrización anterior nos queda

$$\text{Área} = \int_0^{2\pi} \int_{-1}^0 ||X_r \times X_u|| dr du = \int_0^{2\pi} \int_{-1}^0 \sqrt{2r^2} dr du.$$

Igual que antes, como $-1 \leq r \leq 0$ tenemos que $\sqrt{r^2} = -r$, por lo que la integral anterior es

$$-\sqrt{2}\int_0^{2\pi}\int_{-1}^{0} r dr du = -2\pi\sqrt{2}\int_{-1}^{0} r dr = \sqrt{2}\pi.$$

Ejercicio 8

Dados $0 < a < b$ y $f : [a,b] \to \mathbb{R}$ una función positiva consideramos la curva C en el plano XZ cuyas ecuaciones son

$$\begin{cases} y = 0 \\ z = f(x) \end{cases}$$

Calcula el área de la superficie que se obtiene al girar C alrededor de:

a) El eje Z.

b) El eje X.

Solución.

Llamamos S_1 a la superficie que se obiene al girar C alrededor del eje Z. Para parametrizar esta superficie solo hay que tomar coordenadas polares en el plano XY y tener en cuenta que, por construcción (se trata de una superficie de revolución), la superficie S_1 tiene altura constante $f(r)$ a lo largo de la circunferencia en el plano XY centrada en el origen con radio r. Por tanto,

$$X(r,u) = (r\cos u, r\sin u, f(r))$$

con $a \leq r \leq b$ y $0 \leq u \leq 2\pi$ es una parametrización de S_1. Ahora derivamos

$$\begin{aligned} X_r &= (\cos u, \sin u, f'(r)), \\ X_u &= (-r\sin u, r\cos u, 0) \end{aligned}$$

y calculamos el campo normal

$$X_r \times X_u = \begin{vmatrix} i & j & k \\ \cos u & \sin u & f'(r) \\ -r\sin u & r\cos u & 0 \end{vmatrix} = (-rf'(r)\cos u, -rf'(r)\sin u, r).$$

Como $||X_r \times X_u|| = r\sqrt{1+f'(r)^2}$, el área de S_1 es

$$\int_0^{2\pi}\int_a^b r\sqrt{1+f'(r)^2}drdu = 2\pi\int_a^b r\sqrt{1+f'(r)^2}dr.$$

Consideramos ahora la superficie S_2 que se obtiene al girar C alrededor del eje X. Para parametrizarla basta con tener en cuenta que S_2 está formada por circunferencias en el plano $x = r$, centradas en $(r, 0, 0)$ y con radio $f(r)$. Por tanto,

$$Y(r,u) = (r, f(r)\cos u, f(r)\sin u)$$

con $a \leq r \leq b$ y $0 \leq u \leq 2\pi$ es una parametrización de dicha superficie. Calculamos el campo normal como antes.

$$\begin{aligned}
Y_r &= (1, f'(r)\cos u, f'(r)\sin u)\,,\\
Y_u &= (0, -f(r)\sin u, f(r)\cos u)\,,\\
Y_r \times Y_u &= \begin{vmatrix} i & j & k \\ 1 & f'(r)\cos u & f'(r)\sin u \\ 0 & -f(r)\sin u & f(r)\cos u \end{vmatrix} = (f(r)f'(r), -f(r)\cos u, -f(r)\sin u)\,.
\end{aligned}$$

Como $||Y_r \times Y_u|| = f(r)\sqrt{1+f'(r)^2}$ entonces el área de S_2 viene dada por

$$\int_0^{2\pi}\int_a^b f(r)\sqrt{1+f'(r)^2}drdu = 2\pi\int_a^b f(r)\sqrt{1+f'(r)^2}dr.$$

7. TEOREMA DE LA DIVERGENCIA

Ejercicio 1

Considera el sólido V en la región $z \geq 0$ delimitado por $y = \sqrt{x^2 + z^2}$, $y = 1$, $z = 0$.

a) Calcula el volumen de V.
b) Calcula el flujo exterior del campo $F(x, y, z) = (z^3y^4, z + y^2, y + z)$ a través del borde de V.
c) Calcula el flujo de F a través de la cara plana del borde de V contenida en $z = 0$.
d) Calcula el flujo de F a través de la cara plana del borde de V contenida en $y = 1$.
e) Calcula el flujo de F a través de la cara cónica del borde de V.

Solución.

a) Si pasamos a coordenadas cilíndricas

$$\begin{cases} x = r\cos t \\ y = y \\ z = r\sin t \end{cases}$$

el volumen pedido es

$$\int_0^{\pi} \int_0^1 \int_r^1 r\,dydrdt = \frac{\pi}{6}.$$

b) La divergencia del campo F es $\operatorname{div} F = 2y + 1$, con lo que el flujo pedido es $\int\int\int_V (2y+1)dxdydz$. Pasamos a coordenadas cilíndricas como antes y nos queda

$$\int_0^\pi \int_0^1 \int_r^1 r(1+2y)\,dydrdt = \pi \int_0^1 r\left[y+y^2\right]_r^1 dr$$
$$= \pi \int_0^1 r(2-r-r^2)dr = \frac{5\pi}{12}.$$

c) Calculamos el flujo directamente Si llamamos P a la cara plana contenida en $z = 0$ entonces el flujo pedido es $\int\int_P F \cdot NdP$. Como en este caso N es constante igual a $(0, 0, -1)$ entonces nos queda

$$\int\int_P -ydP = \int\int_P -y\,dxdy = \int_0^1 \int_{-y}^{y} -y\,dxdy = -\frac{2}{3}.$$

d) El campo normal a la cara plana C contenida en $y = 1$ es $N = (0, 1, 0)$, por lo que el flujo es

$$\int\int_C F \cdot NdC = \int\int_C (z+1)\,dxdz.$$

Si pasamos a polares

$$\begin{cases} x = r\cos t \\ z = r\sin t \end{cases}$$

entonces la integral anterior se escribe como

$$\int_0^\pi \int_0^1 r(1 + r\sin t)\,drdt = \int_0^\pi \left(\frac{1}{2} + \frac{1}{3}\sin t\right) dt = \frac{\pi}{2} + \frac{2}{3}.$$

e) Si llamamos S a la cara cónica, entonces el flujo total se puede calcular cono

Flujo total=Flujo(S)+Flujo(P)+Flujo(C).

Sustituyendo y despejando tenemos que el flujo a través de la cara cónica es $-\frac{\pi}{12}$.

Ejercicio 2

Considera la superficie S que es el borde del sólido en $z \geq 0$ limitado por $x^2 + y^2 = z^2$ y $z = 1$. Calcula el flujo exterior a través de S del campo $F(x, y, z) = (2xy, -y^2, z^2)$ de dos formas distintas.

a) Directamente con la definición de flujo.
b) Usando el Teorema de la Divergencia .

Solución.

a) La superficie S está formada por un círculo plano contenido en $z = 1$, que llamamos S_1 y una parte cónica que llamamos S_2. Calculamos el flujo a través de cada una de ellas.

El normal unitario para S_1 es constante $N = (0, 0, 1)$, con lo que el flujo a través de esta cara es

$$\int\int_{S_1} F \cdot N dS_1 = \int\int_{S_1} 1 dS_1 = \int\int_{S_1} dxdy = \text{Área}(S_1) = \pi.$$

Para calcular el flujo a través de S_2 tomamos la parametrización de S_2 dada por $X(r, u) = (r\cos u, r\sin u, r)$ con $0 \leq r \leq 1$ y $0 \leq u \leq 2\pi$. Como $X_r = (\cos u, \sin u, 1)$ y $X_u = (-r\sin u, r\cos u, 0)$, entonces tenemos que

$$X_r \times X_u = \begin{vmatrix} i & j & k \\ \cos u & \sin u & 1 \\ -r\sin u & r\cos u & 0 \end{vmatrix} = (-r\cos u, -r\sin u, r).$$

Necesitamos saber hacia donde apunta este vector normal (hacia dentro del cono o hacia afuera), porque nos piden el flujo exterior. Para ello, tomamos un punto cualquiera, por ejemplo, $X(1, 0) = (1, 0, 1)$. El vector normal en este punto es $X_r \times X_u(1, 0) = (-1, 0, 1)$, que apunta hacia adentro del cono. Por tanto, el flujo exterior será

$$-\int\int_{S_2} F \cdot X_r \times X_u \, drdu.$$

Como $F(X(r, u)) = (2r^2\cos u \sin u, -r^2\sin^2 u, r^2)$, entonces

$$F \cdot X_r \times X_u = -2r^3 \cos^2 u \sin u + r^3 \sin^3 u + r^3$$

y el flujo exterior a través del cono es

$$-\int_0^{2\pi} \int_0^1 \left(-2r^3 \cos^2 u \sin u + r^3 \sin^3 u + r^3\right) drdu = -\frac{\pi}{2}$$

Por tanto, el flujo total es $\pi - \frac{\pi}{2} = \frac{\pi}{2}$.

b) La divergencia del campo F es $\operatorname{div} F = 2z$, con lo que el flujo pedido es $\int\int\int_V 2z\, dxdydz$. Pasamos a coordenadas cilíndricas y obtenemos

$$\int_0^{2\pi} \int_0^1 \int_r^1 2zr\, dzdrdt = 2\pi \int_0^1 r(1-r^2)dr = \frac{\pi}{2}.$$

Ejercicio 3

Consideramos S el cubo unidad en el primer octante sin la cara $y = 1$. Calcula el flujo exterior del campo $F(x, y, z) = (\cos e^y + xz + z^3 y, y + xz, x^3 \cos y + z)$ a través de S.

Solución.

Como $\operatorname{div} F = z + 2$, usando el Teorema de la Divergencia , el flujo exterior a través de todas las caras del cubo viene dado por

$$\int\int\int_D (z+2)dxdydz = \int_0^1 \int_0^1 \int_0^1 (z+2)dxdydz = \int_0^1 (z+2)dz = \frac{5}{2}.$$

Ahora le restamos el flujo a través de la cara C_1 del cubo contenida en $y = 1$. En esta cara el normal unitario exterior es $N = (0, 1, 0)$, con lo que $F \cdot N = y + xz = 1 + xz$. Por tanto, el flujo a través de esta cara es

$$\int\int_{C_1} F \cdot N dC_1 = \int\int_{C_1} (1+xz)dxdz = \int_0^1 \int_0^1 (1+xz)dxdz = \frac{5}{4}.$$

Finalmente, el flujo pedido será $\frac{5}{2} - \frac{5}{4} = \frac{5}{4}$.

Ejercicio 4

Calcula el flujo exterior del campo $F(x, y, z) = (1, 1, z)$ a través del borde del sólido V limitado por el cono $z = 2 - \sqrt{x^2 + y^2}$ y los planos $z = 0$, $z = 1$.

a) Directamente.
b) Usando el Teorema de la Divergencia .

Solución.

a) Vamos a calcular el flujo exterior a través de cada cara. Llamamos S_1 a la cara cónica, S_2 a la cara plana contenida en $z = 0$ y S_3 a la cara plana contenida en $z = 1$. El flujo a través de S_2 es cero, ya que en esta cara el normal unitario exterior es $N = (0, 0, -1)$ y por tanto $F \cdot N = -z = 0$.

En S_3 tenemos que $N = (0, 0, 1)$, con lo que $F \cdot N = z = 1$, y el flujo es
$$\int\int_{S_3} F \cdot N dS_3 = \int\int_{S_3} 1 dxdy = \text{Área}(S_3) = \pi,$$

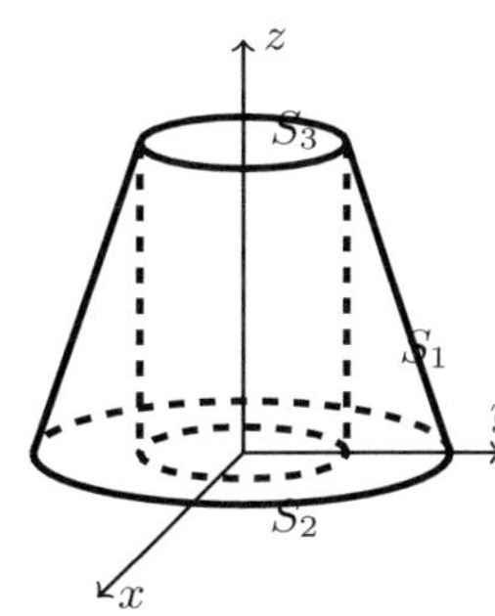

ya que S_3 es un círculo de radio 1 (podemos comprobarlo sustituyendo $z = 1$ en la ecuación del cono). Por último, calculamos el flujo a través de S_1. Para parametrizar el cono sustituimos $x = r \cos u$, $y = r \sin u$ y despejamos z. Nos queda entonces

$$X(r, u) = (r \cos u, r \sin u, 2 - r)$$

Está claro que $0 \leq u \leq 2\pi$. Como queremos la porción de cono que está en $0 \leq z \leq 1$ entonces $0 \leq 1 - r \leq 1$, es decir, $1 \leq r \leq 2$. Ahora tenemos que

$$\begin{aligned} X_r &= (\cos u, \sin u, -1), \\ X_u &= (-r \sin u, r \cos u, 0), \\ X_r \times X_u &= (r \cos u, r \sin u, r), \end{aligned}$$

Para $r = 2$ y $u = 0$ estamos en el punto $(2, 0, 0)$. En este punto el normal dado por la parametrización que hemos tomado es $X_r \times X_u(2, 0) = (2, 0, 2)$, que apunta hacia afuera del sólido V. Por tanto, el flujo a través de esta cara es

$$\int\int_{S_1} F \cdot N dS_1 = \int\int_{S_1} F \cdot X_r \times X_u \, dS_1$$
$$= \int_1^2 \int_0^{2\pi} (r\cos u + r\sin u + r(2-r))\, dudr = 2\pi \int_1^2 r(2-r)dr = \frac{4\pi}{3}.$$

Por tanto, el flujo total es $\frac{4\pi}{3} + \pi = \frac{7\pi}{3}$.

b) Tenemos que $\operatorname{div} F = 1$, con lo que el flujo es igual al volumen del tronco de cono V. Para calcularlo tomamos coordenadas cilíndricas

$$\begin{cases} x = r\cos u \\ y = r\sin u \\ z = z \end{cases}$$

y dividimos la integral en dos partes. En la primera parte, la variable z variará entre 0 y el cono. En la segunda variará entre 0 y el plano $z = 1$. Por tanto,

$$\int\int\int_V 1 dxdydz = \int_0^{2\pi} \int_1^2 \int_0^{2-r} r\, dzdrdt + \int_0^{2\pi} \int_0^1 \int_0^1 r\, dzdrdt = \frac{7\pi}{3}.$$

Si cambiamos el orden de integración evitamos tener que dividir la integral en dos partes. En efecto, la z varía desde 0 a 1 y la u de 0 a 2π. Fijadas estas variables, para saber cómo varía r sólo tenemos que sustituir el cambio a cilíndricas en la ecuación del cono y despejar r. Nos queda que $r = 2 - z$, por lo que

$$\int\int\int_V 1 dxdydz = \int_0^1 \int_0^{2\pi} \int_0^{2-z} r dr du dz = \pi \int_0^1 \left[r^2\right]_0^{2-z} dt = \frac{7\pi}{3}.$$

Ejercicio 5

Comprueba la igualdad del Teorema de la Divergencia para el campo $F(x, y, z) = (x + 1, y, z)$ y la esfera unidad.

Solución.
El Teorema de la Divergencia asegura que

$$\int\int_S F\cdot N dS = \int\int\int_V \operatorname{div} F\, dxdydz.$$

donde V es el sólido limitado por la superficie cerrada S.

Calculamos la primera parte de la igualdad. Para ello, tomamos la parametrización de la esfera de radio unidad dada por

$$X(u,v) = (\cos u\cos v, \sin u\cos v, \sin v)$$

con $0 \le u \le 2\pi$ y $-\frac{\pi}{2} \le v \le \frac{\pi}{2}$. Como

$$\begin{aligned} X_u \times X_v &= \begin{vmatrix} i & j & k \\ -\sin u\cos v & \cos u\cos v & 0 \\ -\cos u\sin v & -\sin u\sin v & \cos v \end{vmatrix} \\ &= (\cos u\cos^2 v, \sin u\cos^2 v, \cos v\sin v) \end{aligned}$$

entonces

$$\int\int_S F\cdot N dS = \int_0^{2\pi}\int_{-\frac{\pi}{2}}^{\frac{\pi}{2}} F(X(u,v))\cdot X_u\times X_v\, dvdu$$

$$= \int_{-\frac{\pi}{2}}^{\frac{\pi}{2}}\int_0^{2\pi} \left(\cos u\cos^2 v + \cos^2 u\cos^3 v + \sin^2 u\cos^3 v + \cos v\sin^2 v\right) dudv$$

$$= \int_{-\frac{\pi}{2}}^{\frac{\pi}{2}}\int_0^{2\pi} \left(\cos u\cos^2 v + \cos^3 v + \cos v\sin^2 v\right) dudv$$

$$= \int_{-\frac{\pi}{2}}^{\frac{\pi}{2}}\int_0^{2\pi} \left(\cos u\cos^2 v + \cos v(\cos^2 v + sin^2 v)\right) dudv$$

$$= \int_{-\frac{\pi}{2}}^{\frac{\pi}{2}}\int_0^{2\pi} \left(\cos u\cos^2 v + \cos v\right) dudv = 2\pi\int_{-\frac{\pi}{2}}^{\frac{\pi}{2}} \cos v\, dv = 4\pi.$$

Ahora calculamos la segunda parte. Como $\operatorname{div} F = 3$ y el volumen de una esfera es $\frac{4\pi}{3}$, tenemos que

$$\int\int\int_V \operatorname{div} F\, dxdydz = \int\int\int_V 3dxdydz = 4\pi.$$

Ejercicio 6

Calcula el flujo exterior del campo $F(x, y, z) = (x^3 + 5y^2x, 2x^2y, xz)$ a través del borde del sólido determinado por las superficies $x^2 + y^2 = z^2$ y $2z = 3 - x^2 - y^2$ con $z > 0$.

Solución.
Para calcular dicho flujo, aplicaremos el Teorema de la Divergencia . Tenemos que la divergencia de F es $\operatorname{div} F = 3x^2 + 5y^2 + 2x^2 + x = 5(x^2 + y^2) + x$.

Determinamos la curva intersección entre el cono (con $z \geq 0$) y el paraboloide. Para ello, usamos el hecho de que $z^2 = x^2 + y^2$ en la ecuación $2z = 3 - x^2 - y^2$, lo que da lugar a la ecuación cuadrática:

$$z^2 + 2z - 3 = 0$$

que tiene por solución $z = -3$ y $z = 1$, siendo esta última (la positiva) la que nos vale.

Así pues, la curva intersección es una circunferencia de radio 1.

Utilizamos coordenadas cilíndricas para parametrizar el sólido:

$$\begin{cases} x = r\cos\theta \\ y = r\sin\theta \\ z = z \end{cases}$$

con $0 \leq \theta \leq 2\pi$, $0 \leq r \leq 1$, y la altura z variando entre el cono y el paraboloide, es decir, $r \leq z \leq \frac{3-r^2}{2}$.

Por tanto el flujo pedido es:

$$\begin{aligned} \int\!\!\int\!\!\int_V \operatorname{div} F\, dxdydz &= \int_0^{2\pi}\int_0^1\int_r^{\frac{3-r^2}{2}} r\left(5r^2 + r\cos\theta\right) dzdrd\theta \\ &= 2\pi\frac{5}{2}\int_0^1 \left(3r^3 - r^5 - 2r^4\right) dr = \frac{11}{12}\pi. \end{aligned}$$

Ejercicio 7

Determina el flujo del campo $F(x, y, z) = (xz^2, x\cos z, z - 1)$ a través del semielipsoide $x^2 + 4y^2 + z^2 = 1$ con $z > 0$.

Solución.
Primero, usaremos el Teorema de la Divergencia para calcular el flujo a través de la superficie cerrada que forman el semielipsoide y su tapadera $z = 0$. Posteriormente, al resultado le restaremos el flujo a través de la tapadera para determinar el flujo a través del semielipsoide.

Como $\operatorname{div} F = z^2 + 1$ tenemos que calcular

$$\int\int\int_V (z^2 + 1)dxdydz$$

donde V es el sólido formado por el semielipsode y su tapadera.

Como el elipsoide lo podemos escribir como

$$x^2 + \frac{y^2}{\left(\frac{1}{2}\right)^2} + z^2 = 1$$

sus semiejes son $a = 1$, $b = \frac{1}{2}$ y $c = 1$. Para resolver esta integral usaremos coordenas esféricas, pero adaptadas a este semielipsoide.

$$\begin{cases} x = r\cos u \cos v \\ y = \frac{1}{2} r \sin u \cos v \\ z = r \sin v \end{cases}$$

donde $0 \leq r \leq 1$, $0 \leq u \leq 2\pi$ y $0 \leq v \leq \frac{\pi}{2}$. Observamos que para este cambio el determinante del jacobiano es $\frac{1}{2}r^2 \cos v$ y que con estas nuevas coordenadas la ecuación del semielipsoide se reduce a $r = 1$.

La integral que queremos calcular será por tanto

$$
\begin{aligned}
&\frac{1}{2}\int_0^{2\pi}\int_0^{\frac{\pi}{2}}\int_0^1 \left(r^2\sin^2 v+1\right) r^2\cos v\, drdvdu\\
&= \pi\int_0^{\frac{\pi}{2}}\int_0^1 \left(r^4\sin^2\cos v + r^2\cos v\right) drdvdu\\
= \pi\int_0^{\frac{\pi}{2}}\left(\frac{1}{5}\sin^2 v\cos v+\frac{1}{3}\cos v\right) dr &= \pi\left[\frac{1}{15}\sin^3 v+\frac{1}{3}\sin v\right]_0^{\frac{\pi}{2}}\\
&= \frac{6\pi}{15}=\frac{2\pi}{5}.
\end{aligned}
$$

Ahora calculamos el flujo a través de la tapadera $z=0$, que es la elipse $x^2+4y^2=1$. En este caso, el normal exterior es $N=(0,0,-1)$, por lo que $F\cdot N=-z+1=1$. Si llamamos P a la tapadera, el flujo a través de ella será

$$\int\int_P 1 = \text{Área}(P)=\frac{\pi}{2},$$

ya que el área de una elipse $\left(\frac{x}{a}\right)^2+\left(\frac{y}{b}\right)^2=1$ es $ab\pi$.

También podemos calcular el área de P pasando a coordenas elípticas.

$$\begin{cases} x = r\cos u\\ y=\frac{1}{2}r\sin u\end{cases}$$

cuyo determinante del jacobiano es $\frac{1}{2}r$. Por tanto, el área será

$$\frac{1}{2}\int_0^{2\pi}\int_0^1 rdrdu=\frac{\pi}{2}.$$

Finalmente, el flujo a través del semielipsoide será

$$\frac{2\pi}{5}-\frac{\pi}{2}=-\frac{\pi}{10}.$$

Ejercicio 8

Calcula el flujo del campo vectorial $F(x,y,z) = (1, y^2 + e^x + z^2, y)$ a través de la porción de paraboloide $z = x^2 + y^2$ limitado por el plano $z = 4x + 5$ según el normal que apunta hacia el interior del paraboloide.

Solución.
Como $\operatorname{div} F = 2y$, el flujo total a través de la porción del paraboloide y la porción del plano según el normal que apunta al exterior es

$$\int\int\int_V 2y\, dxdydz,$$

donde V es el sólido dentro del paraboloide y el plano.

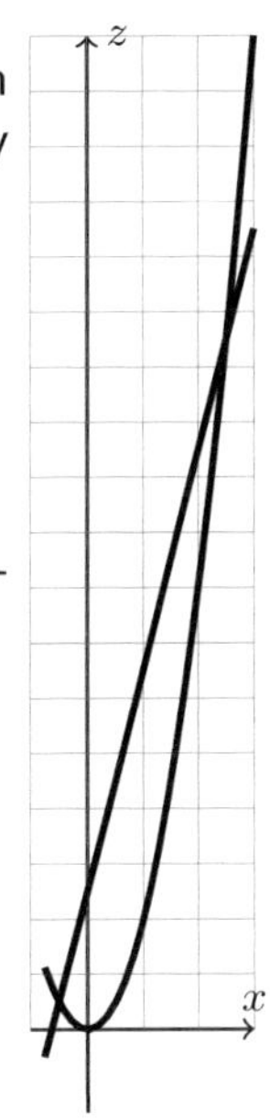

Para hacer la integral anterior, calculamos la intersección del paraboloide y el plano. Igualando ambas ecuaciones y completando cuadrados obtenemos

$$\begin{aligned} x^2 + y^2 &= 4x + 5, \\ x^2 - 4x + 4 + y^2 &= 9, \\ (x-2)^2 + y^2 &= 9, \end{aligned}$$

por lo que la proyección sobre el plano XY de la intersección es una circunferencia de centro $(2,0)$ y radio 3.
Por tanto, si usamos el cambio de coordendas

$$\begin{cases} x = 2 + r\cos t \\ y = r\sin t \\ z = z \end{cases}$$

entonces la integral anterior es

$$\int\int\int_V 2y\, dxdydz = 2\int_0^{2\pi}\int_0^3\int_{(2+r\cos t)^2 + r^2\sin^2 t}^{4(2+r\cos t)+5} r^2 \sin t\, dzdrdt$$
$$= 2\int_0^{2\pi}\int_0^3 r^2 \sin t\,(9 - r^2)\, drdt = 2\int_0^3\int_0^{2\pi} r^2(9-r^2)\sin t\, dtdr = 0.$$

Ahora calculamos el flujo a través de la porción de plano según el normal que apunta hacia el exterior de la figura. Esta porción de plano se parametriza como

$X(u,v) = (u, v, 4u+5)$ con $(u,v) \in D$, siendo D el interior de la circunferencia de centro $(2,0)$ y radio 3. Como $X_u \times X_v = (-4,0,1)$ apunta hacia el exterior de la figura, entonces el flujo es

$$\int\int_D F(X(u,v)) \cdot X_u \times X_v \, dudv = \int\int_D (v-4)\, dudv.$$

Tomando coordenadas polares desplazadas

$$\begin{cases} u = 2 + r\cos t \\ v = r\sin t \end{cases}$$

esta integral se expresa como

$$\begin{aligned} \int_0^{2\pi}\int_0^3 r(-4+r\sin t)\, drdt &= \int_0^3\int_0^{2\pi} r(-4+r\sin t)\, dtdr \\ &= -8\pi \int_0^3 r\, dr = -36\pi. \end{aligned}$$

Finalmente, como el flujo total es la suma del flujo a través de la porción de paraboloide y el flujo a través de la porción de plano, el flujo según el normal que apunta hacia el exterior es 36π. Por tanto, el flujo a través de la porción del paraboloide según el normal que apunta hacia el interior es -36π.

Ejercicio 9

Una bombilla tiene forma de esfera truncada dada por las ecuaciones

$$\begin{cases} x^2 + y^2 + (z-2)^2 = 4 \\ z \geq 1 \end{cases}$$

La fuente de calor de la bombilla se encuentra en el origen de coordendas y la temperatura en cada punto es inversamente proporcional al cuadrado de la distancia al origen. ¿Cuál es la cantidad de calor por unidad de tiempo que atraviesa la superficie de la bombilla?

Solución.
La función que da la temperatura en cada punto es

$$f(x,y,z) = \frac{1}{x^2+y^2+z^2}.$$

El campo de vectores que indica hacia dónde fluye el calor es proporcional al gradiente de f con signo negativo. Por tanto, tenemos que calcular el flujo del campo $F = -k\nabla f$, donde k es una constante positiva, a través de la superficie de la bombilla según el campo que apunta hacia el exterior.

Llamamos V al sólido limitado por la esfera truncada y la tapadera dada por la porción de plano $z = 1$. Usaremos el Teorema de la Divergencia para calcular el flujo total de F, es decir, el flujo a través de la cara esférica y la cara plana de V, según el normal que apunta hacia el exterior de V.

Como

$$F(x,y,z) = -\left(\frac{\partial f}{\partial x}, \frac{\partial f}{\partial y}, \frac{\partial f}{\partial z}\right) =$$
$$\left(\frac{2kx}{(x^2+y^2+z^2)^2}, \frac{2ky}{(x^2+y^2+z^2)^2}, \frac{2kz}{(x^2+y^2+z^2)^2}\right)$$

entonces

$$\operatorname{div} F = -\frac{2k}{(x^2+y^2+z^2)^2}.$$

Para calcular

$$\int\int\int_V \operatorname{div} F \, dxdydz$$

usamos un cambio a coordenadas cilíndricas

$$\begin{cases} x = r\cos t \\ y = r\sin t \\ z = z \end{cases}$$

Vamos a poner primero los límites de integración de z. Como la esfera tiene centro en $(0,0,2)$ y radio 2, entonces está claro que $1 \leq z \leq 4$. Si cortamos la esfera a una altura fija obtenemos un cirfunferencia. Para determinar el radio de esta circunferencia sustituimos las coordenadas cilíndricas en la ecuación de la esfera y obtenemos

$$r^2 + (z-2)^2 = 4,$$
$$r = \sqrt{4-(z-2)^2}.$$

Por tanto, la integral que hay que calcular es

$$\int\int\int_V \operatorname{div} F\, dxdydz = -2k \int_1^4 \int_0^{2\pi} \int_0^{\sqrt{4-(z-2)^2}} \frac{r}{(r^2+z^2)^2} drdtdz$$
$$= k \int_1^4 \int_0^{2\pi} \left[\frac{1}{r^2+z^2}\right]_0^{\sqrt{4-(z-2)^2}} dtdz = 2\pi k \int_1^4 \left(\frac{1}{4-(z-2)^2+z^2} - \frac{1}{z^2}\right) dz$$
$$= 2\pi k \int_1^4 \left(\frac{1}{4z} - \frac{1}{z^2}\right) dz = \frac{\pi k(-3+\ln 4)}{2}.$$

Ahora llamamos P a la cara plana de V. Como P está contenida en $z=1$, si sustituimos en la ecuación de la esfera nos queda que P es el interior de la circunferencia $x^2+y^2=3$. Queremos calcular el flujo de F a través de P según el normal que apunta hacia el exterior de V, por lo que en este caso el normal unitario es $N=(0,0,-1)$. Por tanto, $F \cdot N = \frac{-2k}{(x^2+y^2+1)^2}$ y el flujo será

$$\int\int_P \frac{-2k}{(x^2+y^2+1)^2} dxdy.$$

Tomamos un cambio a coordenadas polares y nos queda

$$-2k \int_0^{2\pi} \int_0^{\sqrt{3}} \frac{r}{(r^2+1)^2} drdt = 2\pi k \left[\frac{1}{r^2+1}\right]_0^{\sqrt{3}} = \frac{-3\pi k}{2}.$$

Finalmente, el flujo total será la suma del flujo a través de la cara esférica y la cara plana, por lo que

$$\text{Flujo cara esférica} = \text{Flujo total} - \text{Flujo cara plana}$$
$$\text{Flujo cara esférica} = \frac{\pi k(-3+\ln 4)}{2} + \frac{3\pi k}{2} = \pi k \frac{\ln 4}{2}.$$

Ejercicio 10

Considera el sólido V limitado por las superfices $(y-1)^2+(z-1)^2 = 1$ y $x^2 = z$. Calcula el flujo de salida del campo $F(x, y, z) = ((y-1)x, yx+z, y)$ a través del borde de V.

Para determinar el flujo pedido, haremos uso del Teorema de la Divergencia .

$$\phi = \int\int_S F \cdot N \, dS = \int\int\int_V \operatorname{div} F \, dV$$

donde S es el "borde" al que se refiere el enunciado.

Calculamos, en primer lugar, la divergencia de F

$$\operatorname{div} F = \frac{\partial F}{\partial x} + \frac{\partial F}{\partial y} + \frac{\partial F}{\partial z} = x + y - 1$$

que habremos de integrar sobre V:

$$\int\int\int_V (x+y-1) dx dy dz$$

Para ello, utilizaremos coordenadas cilíndricas desplazadas:

$$\begin{cases} x = x \\ y = 1 + r\cos t \\ z = 1 + r\sin t \end{cases}$$

Pasamos a determinar los límites de los parámetros (t, r, x). Parece claro que $0 \leq t \leq 2\pi$ y $0 \leq r \leq 1$, para abarcar el volumen cilíndrico. Por otra parte, $-\sqrt{z} \leq x \leq \sqrt{z}$ (nótese que $z \geq 0$). Por tanto,

$$-\sqrt{1 + r\sin t} \leq x \leq \sqrt{1 + r\sin t}$$

Así pues,

$$\phi = \int_0^{2\pi}\int_0^1\int_{-\sqrt{1+r\sin t}}^{\sqrt{1+r\sin t}} r(x + r\cos t)dxdrdt$$

$$= \int_0^{2\pi}\int_0^1\int_{-\sqrt{1+r\sin t}}^{\sqrt{1+r\sin t}} rx\ dxdrdt + \int_0^{2\pi}\int_0^1\int_{-\sqrt{1+r\sin t}}^{\sqrt{1+r\sin t}} r^2\cos t\ dxdrdt$$

$$= \int_0^{2\pi}\int_0^1\int_{-\sqrt{1+r\sin t}}^{\sqrt{1+r\sin t}} r^2\cos t\ dxdrdt = 2\int_0^{2\pi}\int_0^1 r^2\cos t\sqrt{1+r\sin t}\ drdt$$

Para resolver esta integral, calculamos primero una primitiva de $r^2\cos t\sqrt{1+r\sin t}$ respecto de t. Para ello, hacemos el cambio $u = 1 + r\sin t$ y obtenemos

$$\int r^2\cos t\sqrt{1+r\sin t}dt = \int r\sqrt{u}du = \frac{2r}{3}\sqrt{u^3} = \frac{2r}{3}\sqrt{(1+r\sin t)^3}.$$

Por tanto,

$$\phi = 2\int_0^1\int_0^{2\pi} r^2\cos t\sqrt{1+r\sin t}\ dtdr = 2\int_0^1 \frac{2r}{3}\left[\sqrt{(1+r\sin t)^3}\right]_0^{2\pi} dr = 0.$$

8. TEOREMA DE STOKES

Ejercicio 1

Calcula $\int_C \left(zx + e^{y^2}\right) dx + (\cos e^x)\, dy + \left(\frac{1}{2}x^2 + y^4\right) dz$ donde C es la curva intersección del plano $y = 1$ y la superficie $x^4 + z^4 = 1$.

Solución.
La ecuación $x^4 + z^4 = 1$ no define una circunferencia en el plano XZ y, por tanto, tampoco define un cilindro en el espacio, pero para hacernos una idea de la curva C podemos imaginar que sí lo es. Se trata entonces de una curva cerrada en el plano $y = 1$. Si llamamos S a la porción de plano $y = 1$ que encierra la curva C, entonces por el Teorema de Stokes tendremos que la integral de línea pedida será igual a

$$\int\int_S \operatorname{rot} F \cdot N dS,$$

donde $F(x, y, z) = \left(zx + e^{y^2}, \cos e^x, \frac{1}{2}x^2 + y^4\right)$. Si calculamos $\operatorname{rot} F$ nos queda

$$\begin{vmatrix} i & j & k \\ \frac{\partial}{\partial x} & \frac{\partial}{\partial y} & \frac{\partial}{\partial z} \\ zx + e^{y^2} & \cos e^x & \frac{1}{2}x^2 + y^4 \end{vmatrix} = 4y^3 i - e^x \sin e^x k + xj - 2ye^{y^2} k - xj$$

$$= \left(4y^3, 0, -e^x \sin e^x - 2ye^{y^2}\right).$$

Por otro lado, como campo normal unitario a S podemos tomar $N = (0, 1, 0)$, ya que S es una porción de plano $y = 1$. Por tanto, $\operatorname{rot} F \cdot N = 0$ y la integral de línea pedida será 0.

Ejercicio 2

Sea la superficie $\mathcal{S} : z = 1-x^2-y^4$ con $z \geq 0$. Calcula el flujo del rotacional del campo $F(x, y, z) = (x - e^{\cos(z)}, xz, zx^2)$ a través de $\mathcal{S}$ considerando el normal que apunta hacia el exterior.

Solución.
El Teorema de Stokes nos permite cambiar la superficie por otra más sencilla que tenga el mismo borde. Si llamamos $\mathcal{T}$ a la superficie plana contenida en $z = 0$ que delimita $\mathcal{S}$ y llamamos α a la curva $x^2 + y^4 = 1$ (que es el borde común de $\mathcal{S}$ y $\mathcal{T}$), entonces aplicando el Teorema de Stokes a la superficie $\mathcal{S}$ y a su borde α y después a la superficie $\mathcal{T}$ y su borde α, nos queda

$$\int\int_{\mathcal{S}} \operatorname{rot} F \cdot N d\mathcal{S} = \int_{\alpha} F d\alpha = \int\int_{\mathcal{T}} \operatorname{rot} F \cdot N d\mathcal{T},$$

donde en la superficie $\mathcal{T}$ consideramos $N = (0, 0, 1)$ para que sea compatible con la orientación de α y el normal elegido para $\mathcal{S}$.

Tenemos que $\operatorname{rot} F(x, y, z) = (-x, \sin(z)e^{\cos(z)} - 2xy, z)$, con lo que $\operatorname{rot} F \cdot N = z$ y por tanto,

$$\int\int_{\mathcal{T}} \operatorname{rot} F \cdot N d\mathcal{T} = \int\int_{\mathcal{T}} 0 dx dy = 0.$$

Ejercicio 3

Calcula el flujo del rotacional del campo $F(x, y, z) = (z^4 + x, zy, x)$ a través de la porción de cilindro $x^2 + y^2 = 1$ comprendida entre $0 \leq z \leq 1$ considerando el normal exterior.

Solución.
Usando el Teorema de Stokes, el flujo pedido es $\int_{C_1} F dC_1 + \int_{C_2} F dC_2$, donde C_1 y C_2 son los bordes del cilindro. La curva C_1 es la circunferencia

$$\begin{cases} x^2 + y^2 = 1 \\ z = 0 \end{cases}$$

recorrida en sentido positivo y C_2 es la curva

$$\begin{cases} x^2 + y^2 = 1 \\ z = 1 \end{cases}$$

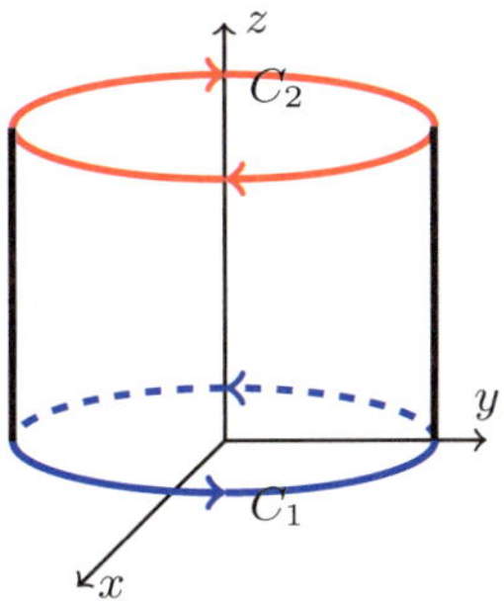

recorrida en sentido negativo (para que sea compatible con el normal a la superficie elegido).
Vamos a parametrizar C_1 como $\alpha(t) = (\cos(t), \sin(t), 0)$ y C_2 como $\beta(t) = (\cos(t), \sin(t), 1)$ con $0 \leq t \leq 2\pi$ (ambas tienen sentido positivo), con lo que el flujo pedido es

$$\int_\alpha F d\alpha - \int_\beta F d\beta = \int_0^{2\pi} (-\cos t \sin t) dt - \int_0^{2\pi} (-(1 + \cos t) \sin t + \sin t \cos t) dt$$
$$= 0.$$

Ejercicio 4

Considera la superficie S que es el trozo de cono $x^2+y^2 = z^2$ para $z \in [0, 4]$. Determine el flujo exterior del rotacional del campo vectorial $F(x, y, z) = (z, x, y)$ que atraviesa S de las tres formas siguientes:

a) Mediante la aplicación directa de la definición de flujo.
b) Mediante la aplicación del Teorema de Stokes.
c) Mediante la aplicación del Teorema de la Divergencia.

Solución.

a) Para calcular directamente el flujo $\int\int_S \operatorname{rot} F \cdot N dS$ necesitamos parametrizar la superficie. Una parametrización es $X(t, r) = (r\cos(t), r\sin(t), r)$ con $0 \leq t \leq 2\pi$ y $0 \leq r \leq 4$. Ahora tenemos que

$$\int\int_S \operatorname{rot} F \cdot N dS = \int\int_D \operatorname{rot} F(X(t, r)) \cdot X_t \times X_r dt dr,$$

donde $D = [0, 2\pi] \times [0, 4]$. Calculamos $\operatorname{rot} F$.

$$\operatorname{rot} F = \begin{vmatrix} i & j & k \\ \frac{\partial}{\partial x} & \frac{\partial}{\partial y} & \frac{\partial}{\partial z} \\ z & x & y \end{vmatrix} = i + j + k \equiv (1,1,1)$$

Por otro lado, $X_t \times X_r = (r\cos(t), r\sin(t), -r)$, que apunta hacia el exterior del cono (basta comprobarlo en un punto concreto) con lo que la integral que tenemos que calcular es

$$\int_0^{2\pi}\int_0^4 (r\cos(t) + r\sin(t) - r)drdt = -16\pi.$$

b) Usando el Teorema de Stokes tenemos que

$$\int\int_S \operatorname{rot} F \cdot NdS = \int_C FdC,$$

donde C es la curva borde del cono, dada por

$$\begin{cases} x^2 + y^2 = z^2 \\ z = 4 \end{cases}$$

parametrizada en sentido negativo, para que sea compatible con la elección del normal exterior a la superficie. Es decir, si parametrizamos $\gamma(t) = (4\cos(t), 4\sin(t), 4)$ con $0 \le t \le 2\pi$ (que tiene sentido positivo) entonces

$$\begin{aligned} \int_C FdC &= -\int_\gamma Fd\gamma = -\int_\gamma zdx + xdy + xdz \\ &= -\int_0^{2\pi} \left(-16\sin t + 16\cos^2 t\right) dt = -16\pi. \end{aligned}$$

c) Usando el Teorema de la Divergencia, tenemos que el flujo total exterior (considerando también la tapadera $z = 4$) está dado por

$$\int\int\int_V \operatorname{div} \operatorname{rot} F dxdydz,$$

donde V es el sólido determinado por el cono y el plano $z = 4$. Como $\operatorname{div} \operatorname{rot} F = 0$, este flujo total es cero, es decir, si llamamos P al trozo de plano $z = 4$ limitado por el cono, entonces

$$0 = \text{Flujo total} = \int\int_S \operatorname{rot} F \cdot N dS + \int\int_P \operatorname{rot} F \cdot N dP,$$

con lo cual el flujo pedido lo calculamos así

$$\int\int_S \operatorname{rot} F \cdot N dS = -\int\int_P \operatorname{rot} F \cdot N dP = -\int\int_D 1 dx dy$$
$$= -\text{Área}(D) = -16\pi$$

donde D es el disco $x^2 + y^2 = 4^2$.

Ejercicio 5

Calcula el flujo del rotacional del campo de vectores $F(x, y, z) = (z, 1, x)$ a través de la superficie parametrizada por $X(u, v) = (u\cos v, u\sin v, u)$ delimitada por la curva $\alpha(t) = X(1 + \sin t, t)$ con $0 \leq t \leq 2\pi$.

Solución.
La superficie dada es el cono $x^2 + y^2 = z^2$ y la curva α se parametriza como

$$\alpha(t) = ((1 + \sin t)\cos t, (1 + \sin t)\sin t, 1 + \sin t)$$

cuyo vector tangente es

$$\alpha'(t) = \left(\cos^2 t - \sin t(\sin t + 1), \cos t(\sin t + 1) + \cos t \sin t, \cos t\right).$$

Como $F(\alpha(t)) = (1 + \sin t, 1, (1 + \sin t)\cos t)$, tenemos que

$$F(\alpha(t)) \cdot \alpha'(t) = 3\cos^2 \sin t + 2\cos t \sin t - 2\sin t + 4\cos^2 t + \cos t - 2.$$

Usando el Teorema de Stokes, el flujo pedido es

$$\int_\alpha F d\alpha = \int_0^{2\pi} F(\alpha(t)) \cdot \alpha'(t) dt$$
$$= \int_0^{2\pi} \left(3\cos^2 \sin t + 2\cos t \sin t - 2\sin t + 4\cos^2 t + \cos t - 2\right) dt$$
$$= \left[-\cos^3 t + \sin^2 t + 2\cos t + 4\frac{2t + \sin 2t}{4} - \sin t - 2t\right]_0^{2\pi} = 0.$$

Ejercicio 6

Considera la superficie $\mathcal{S} : x^2 + \frac{z^2}{2} = f(y)^2$, donde

$$f(y) = \frac{e^{\sin y}\sqrt{2-y}}{\sqrt{2}},$$

para $0 < y < 2$, y los campos de vectores

$$F(x,y,z) = \left(y^2, xz, x\right),$$
$$G(x,y,z) = (-x, -1, z-2y).$$

a) Calcula el rotacional del campo F.
b) Calcula el flujo de salida (considerando el normal exterior) del campo G a través de la superficie $\mathcal{S}$.

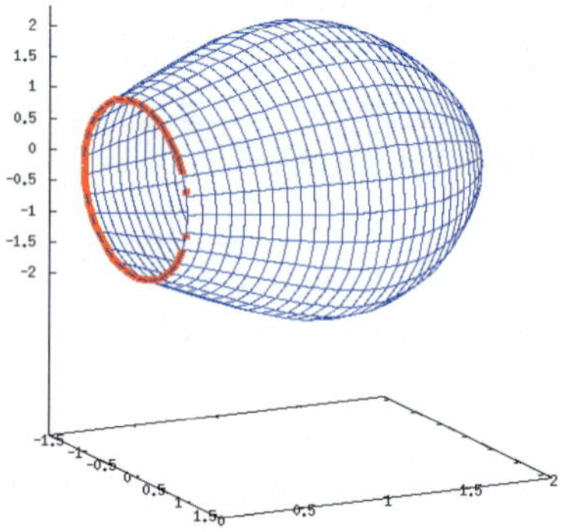

Solución.

a) El rotacional de F lo calculamos así.

$$\operatorname{rot} F = \begin{vmatrix} i & j & k \\ \frac{\partial}{\partial x} & \frac{\partial}{\partial y} & \frac{\partial}{\partial z} \\ y^2 & xz & x \end{vmatrix} = zk - 2yk - xi - j = (-x, -1, z-2y),$$

que es justamente el campo G.

b) Como G es un rotacional, podemos usar el Teorema de Stokes para calcular el flujo. El borde de la superficie se obtiene poniendo $y = 0$, con lo que dicho borde C es la elipse $x^2 + \frac{z^2}{2} = 1$. Esta elipse la podemos parametrizar como $\alpha(t) = (\cos t, 0, \sqrt{2}\sin t)$, $0 \leq t \leq 2\pi$. Esta orientación no es compatible con el normal exterior a la superficie, por lo que el flujo pedido es

$$-\int_{\mathcal{C}} F d\mathcal{C} = -\int_0^{2\pi} F(\alpha(t)) \cdot \alpha'(t) dt = -\sqrt{2} \int_0^{2\pi} \cos^2 t dt$$
$$= -\sqrt{2} \int_0^{2\pi} \frac{1+\cos 2t}{2} dt = -\sqrt{2}\pi$$

Ejercicio 7

Calcula el flujo exterior del rotacional del campo $F(x, y, z) = (xy, x, xz)$ a través del trozo de cono $z^2 = x^2 + y^2$ con $0 \leq z \leq 2$.

a) Usando el Teorema de Stokes.
b) Directamente.

Solución.

a) Si consideramos el normal exterior al cono, entonces debemos parametrizar el borde en sentido negativo (sentido horario). Lo más cómodo es, sin embargo, parametrizar el borde del cono como $\gamma(t) = (2\cos t, 2\sin t, 2)$ para $0 \leq t \leq 2\pi$ (sentido positivo) y cambiar el signo de la integral de línea resultante. Según el Teorema de Stokes, el flujo pedido es pues

$$-\int_\gamma F d\gamma = -\int_0^{2\pi} F(\gamma(t)) \cdot \gamma'(t) dt = \int_0^{2\pi} (8\cos t \sin^2 t - 4\cos^2 t) dt$$
$$\underbrace{=}_{\cos^2 t = \frac{1+\cos(2t)}{2}} \left[\frac{8}{3}\sin^3 t - 2t - \sin 2t\right]_0^{2\pi} = -4\pi.$$

b) Parametrizamos el trozo de cono como

$$X(r, u) = (r\cos u, r\sin u, r)$$

con $0 \leq u \leq 2\pi$, $0 \leq r \leq 2$. Tenemos que

$$X_r \times X_u = \begin{vmatrix} i & j & k \\ \cos u & \sin u & 1 \\ -r\sin u & r\cos u & 0 \end{vmatrix} = (-r\cos u, -r\sin u, r).$$

Tenemos que comprobar si el campo normal que nos da la parametrización apunta hacia el exterior o interior. Para ello, fijamos un punto, por ejemplo $X(1,0) = (1,0,1)$ y calculamos $X_r \times X_u(1,0) = (-1,0,1)$. Como el vector $(-1,0,1)$ "pinchado" en el punto $(1,0,1)$ apunta hacia dentro del cono, el campo $X_r \times X_u$ nos da el normal interior. Seguiremos haciendo los cálculos con esta parametrización, pero cambiaremos el signo de la integral al final.

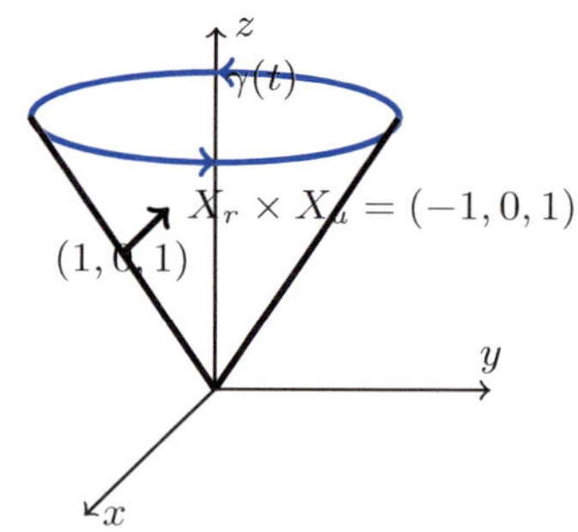

Como el rotacional del campo F es

$$\operatorname{rot} F = \begin{vmatrix} i & j & k \\ \frac{\partial}{\partial x} & \frac{\partial}{\partial y} & \frac{\partial}{\partial z} \\ xy & x & xz \end{vmatrix} = (0, -z, 1-x)$$

entonces tenemos que calcular

$$\int\int_S \operatorname{rot} F \cdot N dS = \int_0^2 \int_0^{2\pi} \operatorname{rot} F \cdot X_r \times X_u \, dudr$$
$$= \int_0^2 \int_0^{2\pi} (0, -r, 1 - r\cos u) \cdot (-r\cos u, -r\sin u, r) dudr$$
$$= \int_0^2 \int_0^{2\pi} \left(r^2 \sin u + r - r^2 \cos u\right) \, dudr = 2\pi \int_0^2 r dr = 4\pi.$$

Por tanto, el flujo pedido es -4π.

Ejercicio 8

Calcula el flujo del rotacional del campo $F(x,y,z) = (0, xy, 0)$ a través de la porción del cilindro $x^2 + y^2 = 4$ limitado por el cilindro $y^2 + z^2 = 1$ en la región $x > 0$, según el normal que apunta hacia el interior del cilindro.

Solución.
Llamamos $\alpha(t)$ a la curva intersección de ambos cilindros. Como esta curva debe cumplir las dos ecuaciones

$$\begin{cases} y^2 + z^2 = 1 \\ x^2 + y^2 = 4 \end{cases}$$

entonces podemos parametrizarla como $\alpha(t) = \left(\sqrt{4 - \cos(t)^2}, \cos t, \sin t\right)$ con $0 \leq t \leq 2\pi$. La parametrización de esta curva es la contraria de la que necesitamos para aplicar el Teorema de Stokes, por lo que cambiaremos el signo al resultado final. Sin embargo, en este caso particular, no será necesario porque el resultado nos va a dar 0.

Como
$$\alpha'(t) = \left(\frac{\cos t \sin t}{\sqrt{4 - \cos^2 t}}, -\sin t, \cos t\right),$$
entonces $F(\alpha(t)) \cdot \alpha'(t) = -\cos t \sin t \sqrt{\sin^2 t + 3}$, donde hemos utilizado que $\cos^2 t = 1 - \sin^2 t$.

Ahora, por el Teorema de Stokes

$$\begin{aligned} \int\int_S \text{rot} F \cdot N dS = \int_\alpha F d\alpha &= -\int_0^{2\pi} \cos t \sin t \sqrt{\sin^2 t + 3} dt \\ &= -\left[\frac{1}{3}\sqrt{\left(\sin^2 t + 3\right)^3}\right]_0^{2\pi} = 0. \end{aligned}$$

Ejercicio 9

Comprueba la igualdad del Teorema de Stokes para el campo $F(x, y, z) = (xy, yz, y)$ y el trozo de plano $x+y+z = 1$ limitado por el cilindro $x^2+y^2 = 4$.

Solución.
Primero calculamos directamente el flujo del rotacional. Podemos parametrizar la porción de plano S como $X(u, v) = (u, v, 1 - u - v)$, donde $(u, v) \in D$ y D es el interior de la cirfunferencia $u^2 + v^2 = 4$. Como

$$\text{rot}\, F = \begin{vmatrix} i & j & k \\ \frac{\partial}{\partial x} & \frac{\partial}{\partial y} & \frac{\partial}{\partial z} \\ xy & yz & y \end{vmatrix} = (1 - y, 0, -x)$$

y $X_u \times X_v = (1,1,1)$ entonces

$$\text{Flujo} = \int\int_D \operatorname{rot} F \cdot X_u \times X_v \, dudv = \int\int_D (1-u-v)dudv.$$

Haciendo un cambio a coordenadas polares, la integral anterior es

$$\int_0^{2\pi}\int_0^2 (1 - r\cos t - r\sin t)r\, drdt = 4\pi.$$

Ahora comprobamos que $\int_\gamma F\, d\gamma$, donde γ es el borde de S, nos da el mismo resultado. La curva γ la parametrizamos como $\gamma(t) = (2\cos t, 2\sin t, 1 - 2\cos t - 2\sin t)$ con $0 \le t \le 2\pi$. Esta orientación es compatible con el campo normal que nos ha dado la parametrización elegida anteriormente para el plano. Si no lo fuera, entonces nos daríamos cuenta que el resultado final por este camino nos daría con el signo cambiado.

Como

$$F(\gamma(t)) \cdot \gamma'(t) = 4\sin^2 t - 16\sin^2 t\cos t - 8\cos^2 t\sin t$$

entonces

$$\begin{aligned}\int_\gamma F\, d\gamma = \int_0^{2\pi} \left(4\sin^2 t - 16\sin^2 t\cos t - 8\cos^2 t\sin t\right) dt &= 4\int_0^{2\pi} \sin^2 t\, dt \\ &= 4\int_0^{2\pi} \frac{1-\cos 2t}{2}\, dt = 4\pi.\end{aligned}$$

Ejercicio 10

Considera S la porción de elipsoide $\frac{x^2}{4}+\frac{y^2}{4}+z^2=1$ delimitado por el cilindro $x^2+y^2=1$ con $z\geq 0$.

a) Calcula $\int\int_S zdS$.
b) Calcula el volumen entre S, el plano $z=0$ y el cilindro $x^2+y^2=1$.
c) Calculo el flujo del rotacional del campo de vectores $F(x,y,z)=(z,x,y^2)$ a través de S según el vector normal que apunta hacia fuera del elipsoide.

Solución.

a) Una parametrización del elipsoide es

$$X(u,v)=(2\cos u\cos v, 2\sin u\cos v, \sin v)\,.$$

Está claro que cuando nos movemos en la porción limitada por el cilindro tendremos $0\leq u\leq 2\pi$. Para saber cómo varía el parámetro v debemos sustituir la parametrización en la ecuación del cilindro $x^2+y^2=1$ y nos queda $4\cos^2 v=1$. Como $z\geq 0$ entonces $\sin v$ debe ser positivo, con lo que despejando tenemos $v=\frac{\pi}{3}$ y por tanto, para no salirnos de la porción S de elipsoide debe ocurrir que $\frac{\pi}{3}\leq v\leq\frac{\pi}{2}$.

Calculamos ahora $||X_u\times X_v||$. Para ello vamos a usar los coeficientes de la primera forma fundamental. Como

$$\begin{aligned}X_u&=(-2\sin u\cos v, 2\cos u\cos v, 0)\,,\\ X_v&=(-2\cos u\sin v, -2\sin u\sin v, \cos v)\end{aligned}$$

entonces $E=X_u\cdot X_u=4\cos^2 v$, $F=X_u\cdot X_v=0$ y $G=X_v\cdot X_v=4\sin^2 v+\cos^2 v$, con lo que

$$||X_u\times X_v||=\sqrt{EG-F^2}=2\cos v\sqrt{4\sin^2 v+\cos^2 v}=2\cos v\sqrt{1+3\sin^2 v}.$$

La integral pedida será entonces

$$\int\int_S z dS = 2\int_0^{2\pi}\int_{\frac{\pi}{3}}^{\frac{\pi}{2}} \sin v \cos v\sqrt{1+3\sin^2 v}\, dv du$$
$$= 4\pi\int_{\frac{\pi}{3}}^{\frac{\pi}{2}} \sin v \cos v\sqrt{1+3\sin^2 v}\, dv$$
$$= \frac{4\pi}{9}\left[(1+3\sin^2 v)^{\frac{3}{2}}\right]_{\frac{\pi}{3}}^{\frac{\pi}{2}} = \frac{\pi}{18}\left(64-\sqrt{2197}\right).$$

b) Si hacemos un cambio a coordenadas cilíndricas

$$\begin{cases} x = r\cos\theta \\ y = r\sin\theta \\ z = z \end{cases}$$

es claro que $0 \leq r \leq 1$ y $0 \leq \theta \leq 2\pi$. Para saber hasta donde varía z, sustituimos el cambio anterior en la ecuación del elipsoide y despejamos. Nos queda $z = 1 - \frac{r^2}{4}$, luego el volumen pedido será

$$\int_0^{2\pi}\int_0^1\int_0^{1-\frac{r^2}{4}} r dz dr d\theta = 2\pi\int_0^1\left(1-\frac{r^2}{4}\right) r dr = \frac{7\pi}{8}.$$

c) Si sustituimos la ecuación del cilindro $x^2+y^2=1$ en la del elipsoide nos queda que la altura a la que se cortan (con $z \geq 0$) la obtenemos resolviendo la ecuación $\frac{1}{4}+z^2=1$, es decir, $z=\frac{\sqrt{3}}{2}$. Por tanto, la curva intersección de ambos es

$$\gamma(t) = \left(\cos t, \sin t, \frac{\sqrt{3}}{2}\right)$$

con $0 \leq t \leq 2\pi$. Esta curva está parametrizada en sentido positivo que es el que necesitamos según la elección del normal unitario a S. Por el Teorema de Stokes el flujo del rotacional de F será

$$\int_\gamma z dx + x dy + y^2 dz = \int_0^{2\pi} F(\gamma(t))\cdot\gamma'(t) dt$$
$$= \int_0^{2\pi}\left(-\frac{\sqrt{3}}{2}\sin t + \cos^2 t\right) dt = \pi.$$

9. ANÁLISIS VECTORIAL CON WXMAXIMA

WxMaxima es un programa de cálculo simbólico y numérico gratuito multiplataforma. Hay versiones preparadas para correr bajo Windows, Linux, MacOS X e incluso Android, por lo que podemos instalarlo en una tableta o teléfono móvil. En realidad, WxMaxima es el programa que se encarga de la interfaz gráfica (menús, diálogos...) de otro programa llamado Maxima, que es el verdadero encargado de realizar los cálculos. Maxima desciende de otro programa anterior de álgebra computacional llamado Macsyma, desarrollado en 1960 en el Instituto Tecnológico de Massachusetts (MIT).

9.1. PRIMEROS PASOS.

En WxMaxima las líneas siempre deben acabar con un punto y coma. Un comentario se pone encerrado entre los símbolos /* */ y las constantes π y e se escriben con un símbolo de porcentaje delante. Para asignar un valor a una variable se usan dos puntos, nunca un signo igual.

La raíz cuadrada se calcula con el comando sqrt y el logaritmo neperiano con log. Por supuesto, las funciones trigonométricas se escriben como cos, sin y tan.

WxMaxima trabaja de forma simbólica, pero se puede obtener el valor numérico de una expresión con el comando float.

```
/* Definimos una variable a y otra b */
a:%pi/2-2*sqrt(5)+log(3)+tan(%pi/7);
b:cos(a)+log(1+a^4);

/* Obtenemos su expresión decimal */
float(b);
```

Para reutilizar la última expresión devuelta por WxMaxima usamos el símbolo de porcentaje. Los comandos radcan y trigsimp se usan para simplificar expresiones que contienen logaritmos, exponenciales o radicales y funciones trigonométricas respectivamente.

```
a:%e^x*cos(t)^2;
b:%e^x*sin(t)^2;
a+b    /*Esto nos devuelve %e^x*cos(t)^2+%e^x*sin(t)^2 */

trigsimp(%)  /*Devuelve %e^x */
```

Para definir una función podemos usar el comando define o también dos puntos seguidos de un signo igual.

```
/* Definimos una función que depende de una variable x */
define(f(x),x^2-3*%e^x);

/* Definimos una función que depende de una variable t */
g(t):=4*%pi*t-cos(t);

/* Definimos una función de dos variables */
f(x,y):=%e^(-x^2-y^2);
```

Una curva o campo de vectores tiene varias componentes, por lo que para definirlo tendremos que usar corchetes para encerrar las componentes separadas por comas.

```
/* Una curva en el plano */
a(t):=[cos(t),sin(t)];

/* Un campo vectorial en R^3 */
F(x,y,z):=[2*x-y,sin(x*y),1/sqrt(x^2+y^2)]
```

El operador de sustitución, que se expresa con una coma, nos permite sustituir una o más variables por valores numéricos o por otras expresiones simbólicas. En el caso de tener definida una función podemos sustituir directamente

```
/* Definimos una variable llamada a */
a:x*cos(t);

/* Sustituimos t por %pi */
a,t=%pi; /* Esto nos devuelve -x */

/*Sustituimos t por 3*x */
```

```
a,t=3*x; /* Esto nos devuelve x*cos(3*x) */

/* Definimos una función de dos variables y sustituimos*/
f(x,y):=x^2+y^2;

f(2,4); /* Nos devuelve 20 */
f(r*cos(t),r*sin(t)); /* Nos devuelve r^2*cos(t)^2+r^2*sin(t)^2 */
trigsimp(%); /* Simplifica la expresión anterior y nos devuelve r^2 */
```

9.2. OPERACIONES CON VECTORES.

Los vectores en WxMaxima se definen poniendo sus componentes entre corchetes separadas por comas. La suma, resta y producto por escalares se hacen de la forma obvia. Para el producto escalar se usa un punto bajo.

```
/* Definimos dos vectores y hacemos algunas operaciones */
v:[3,1,4];
w:[-1,4,1/2];

/* Suma y producto por escalares */
2*v+5*w;

/* Producto escalar */
v.w;

/* Norma de un vector */
sqrt(v.v);
```

Si nos interesa obtener el valor de una de las componentes de un vector basta poner el nombre del vector seguido de la posición que ocupa la componente que queremos encerrada entre corchetes.

```
v:[3,-1,1];
/* Obtenemos la primera componente del vector v */
v[1]; /* Esto nos devuelve 3 */

/* Obtenemos la segunda componente del vector v */
v[2]; /* Esto nos devuelve -1 */

/* Obtenemos la tercera componente del vector v */
v[3]; /* Esto nos devuelve 1 */
```

Si tenemos un campo de vectores o una curva, también podemos obtener una de sus componentes de la misma forma.

```
/* Definimos una curva a(t) y un campo F(x,y,z) */
a(t):[%e^t,t^2,cos(t)];
F(x,y,z):[x*y,x/y,z^2];

/* Obtenemos la primera componente de la curva */
a(t)[1];
/* Esto nos devuelve %e^t */

/* Obtenemos la segunda componente del compo */
F(x,y,z)[2];
/* Esto nos devuelve x/y */

/* Sustituimos la curva en el campo */
F(a(t)[1],a(t)[2],a(t)[3]);
/* Esto nos devuelve [t^2*%e^t,%e^t/t^2,cos(t)^2]*/
```

Podemos calcular el ángulo que forman dos vectores usando la función arcocoseno, que en `WxMaxima` se escribe como `acos`.

```
v:[3,-1,1];
w:[9,10,4];

/* Calculamos la norma de los vectores anteriores */
normav:sqrt(v.v);
normaw:sqrt(w.w);

/* Calculamos el ángulo que forman los vectores v y w */
acos( (v.w)/(normav*normaw) );
float(%) /* Nos devuelva la expresión decimal del ángulo anterior */
```

Para calcular el producto vectorial de dos vectores tenemos que cargar previamente el paquete `vect` y usar el comando `express(v~w)`. El símbolo $\sim$ se escribe con la combinación de teclas ALT GR+ñ.

```
/* Cargamos el paquete vect */
load(vect);

/* Definimos dos vectores */
v:[3,2,-1];
w:[0,1,0];

/* Calculamos el producto vectorial de v y w y lo guardamos */
/* en una variable llamada pvect*/
pvect: express(v~w);
```

```
/* Podemos comprobar que pvect es ortogonal a v y w */
pvect.v;
pvect.w;
```

9.3. DIFERENCIACIÓN E INTEGRACIÓN.

Para calcular la derivada de una función, una curva o una derivada parcial se usa el comando `diff`.

```
/* Calculamos la derivada de x^2*%e^x */
diff(x^2*%e^x,x);

/* Calculamos la derivada segunda */
diff(x^2*%e^x,x,2);

/* Definimos una función de tres variables y calculamos */
/* las derivadas parciales */
f(x,y,z):=x^2*y-x*z^2+log(1+(x+y+z)^2);
diff(f(x,y,z),x);
diff(f(x,y,z),y);
diff(f(x,y,z),z);

/* Definimos una curva y calculamos su vector tangente */
a(t):=[sin(t),cos(2*t),t^2+1];
diff(a(t),t);
```

Para calcular una primitiva se usa el comando `integrate`. Si especificamos los límites de integración entonces nos devuelve el valor de la integral definida. Cuando alguno de los límites de integración es infinito se usa `inf`. También se pueden usar expresiones simbólicas.

```
/* Primitiva */
integrate(x*%e^(x^2),x);

/* Ejemplo de integral definida */
integrate(x*e^(-x^2),x,0,inf);

/* Ejemplo de integral definida con un parámetro */
integrate(x^2/(x^2+2),x,0,a);
/* Primero nos pregunta si a es positivo, negativo o cero */
/* Escribimos positive y nos devuelve a-sqrt(2)*atan(a/sqrt(2)) */
```

Ejemplo 9.3.1 *Calcula la integral de línea del campo*

$$F(x,y,z) = (xz, y-x, z^2)$$

a lo largo de la curva $\alpha(t) = (t^2, t, 1-t^2)$ *con* $0 \leq t \leq 2$.

```
/*Definimos el campo y la curva*/
F(x,y,z):=[x*z,y-x,z^2];
a(t):=[t^2,t,1-t^2];

/*Calculamos el vector tangente a la curva*/
tang:diff(a(t),t);

/* Sustituimos la curva en el campo y lo guardamos en campoF */
campoF: F(a(t)[1],a(t)[2],a(t)[3]);

/* Calculamos el producto escalar del campo*/
/* y el vector tangente */
campoF.tang;

/*Lo simplificamos y lo llamamos función */
funcion:radcan(%);

/* Calculamos la integral */
integrate(funcion,t,0,2);
```

Si queremos hacer una integral doble o triple sólo tendremos que anidar el comando `integrate`. Por ejemplo, si D es el triángulo de vértices $(0,0)$, $(1,0)$, $(1,1)$ para calcular

$$\int\int_D (xy^2 - 1)dxdy = \int_0^1 \int_0^x (xy^2 - 1)dydx.$$

hacemos lo siguiente.

```
integrate( integrate( x*y^2-1,y,0,x) ,x,0,1);
```

Ejemplo 9.3.2 *Calcula la integral triple*

$$\int\int\int_V (y^2 - xz)dxdydx,$$

donde V *es la esfera unidad, usando un cambio a coordenadas esféricas.*

```
/*Definimos la función*/
f(x,y,z):=y^2-x*z;

/* Sustituimos el cambio de coordenadas en la función */
/* y lo llamamos cambio*/
cambio: f(x,y,z), x=r*cos(u)*cos(v),y=r*sin(u)*cos(v),z=r*sin(v);

/* Hacemos la integral triple */
/* No hay que olvidar multiplicar por el determinante del jacobiano*/
integrate(
    integrate(
        integrate( cambio*r^2*cos(v),r,0,1),
    u,0,2*%pi),
v,-%pi/2,%pi/2);
```

Ejemplo 9.3.3 *Calcula el área de la porción de cono $z^2 = x^2 + y^2$ limitada por los planos $z = 1$ y $z = 2$.*

```
/*Tomamos una parametrización del cono*/
X(r,u):=[r*cos(u),r*sin(u),r];

/* Calculamos el producto vectorial de los vectores tangentes */
tan1: diff(X(r,u),r);
tan2: diff(X(r,u),u);
load(vect);
pv: express(tan1~tan2);

/* Hacemos la integral de superficie */
integrate(
    integrate( sqrt(pv.pv),u,0,2*%pi)
,r,1,2);
```

9.4. DIVERGENCIA, ROTACIONAL Y GRADIENTE.

Para calcular la divergencia, rotacional y gradiente necesitamos el paquete vect. Sólo podemos cargar este paquete un sola vez, ya que si intentamos cargarlo de nuevo nos dará error.

```
/*Cargamos el paquete vect */
load(vect);
F(x,y,z):=[2*x*y,-y^2,z^2];   /* Definimos el campo de vectores */

/* La divergencia de F la calculamos de la siguiente manera */
```

```
ev( express(div(F(x,y,z))) ,diff );

/* Y el rotacional de F */
ev( express(curl(F(x,y,z))) ,diff );

/* El gradiente de un función */
f(x,y,z):=x^2+y^3+z^2;
ev( express(grad(f(x,y,z))) , diff)
```

Ejemplo 9.4.1 *Calcula el flujo del rotacional del campo de vectores* $F(x, y, z) = (y, x^2, xz)$ *a través de la superficie parametrizada por* $X(u, v) = (u \cos v, u \sin v, u^2)$ *delimitada por la curva* $\gamma(t) = X(1 + \sin t, t)$ *con* $0 \leq t \leq 2\pi$ *de dos formas distintas.*

- *Directamente por la definición.*
- *Mediante el teorema de Stokes.*

```
/* Definimos la superficie, la curva y el campo */
S(u,v):=[u*cos(v),u*sin(v),u^2];
a:S(u,v),u=(1+sin(t)),v=t;
F(x,y,z):=[y,x^2,x*z];

/* Aplicamos primero el teorema de Stokes */
/* Sustituimos la curva en el campo */
/* Calculamos el producto escalar */
campoF:F(x,y,z),x=a[1],y=a[2],z=a[3];
tangente:diff(a,t);
integrando:trigsimp(campoF.tangente);

/* Calculamos la integral de línea */
integrate(integrando,t,0,2*%pi);
/* Esto nos devuelve 15*%pi/4 */

/* Ahora calculamos el flujo de rotacional directamente */
load(vect);
rotacional: ev(express(curl(F(x,y,z))),diff);

/* Calculamos el campo normal a la superficie */
v1:diff(S(u,v),u);
v2:diff(S(u,v),v);
pvect:express(v1~v2);

/* Calculamos la integral de superficie */
integrando1:rotacional,x=S(u,v)[1],y=S(u,v)[2],z=S(u,v)[3];
integrando:integrando1.pvect;
integrate(
        integrate(integrando,u,0,1+sin(v)),
```

```
        v,0,2*%pi
);
```

9.5. REPRESENTACIÓN GRÁFICA.

Hay varias formas de obtener representaciones gráficas con `WxMaxima`. Aquí veremos cómo hacerlas con el paquete `draw`. Los comandos básicos son `draw2d` para gráficos en dos dimensiones y `draw3d` para gráficos en tres dimensiones. Dentro de estos comandos podemos poner a su vez los comandos siguientes.

- `explicit` para dibujar curvas o superficies dadas por su ecuación explícita.
- `implicit` para dibujar curvas o superficies dadas por su ecuación implícita.
- `parametric` para dibujar curvas dadas en forma paramétrica.

```
load(draw);
/*Dibujamos dos parábolas*/
draw2d(explicit(x^2+1,x,-2,2),explicit(-x^2-1,x,-3,3));

/*Dibujamos la circunferencia dada en forma explícita*/
/*y una hipérbola*/
draw2d(implicit(x^2+y^2=2,x,-2,2,y,-2,2),
    implicit(x^2-y^2=1,x,-5,5,y,-5,5));

/*Dibujamos una curva en forma implícita y otra de forma explícita*/
draw2d(implicit(x^4+2*x*y+y^4=1,x,-2,2,y,-2,2),
    explicit(cos(1/x),x,0.01,%pi));

/*También podemos usar draw3d para dibujar superficies a partir de su*/
/*ecuación implícita o explícita*/
draw3d(implicit(x^2+y^2+z^2=1,x,-1,1,y,-1,1,z,-1,1),
        explicit(x^2+y^2,x,-1,1,y,-1,1));


/*Dibujamos una curva en paramétricas en 2D y 3D*/
draw2d(parametric(t^3,cos(t),t,-1,1));
draw3d(parametric(t^3,cos(t),t^5,t,-1,1));
```

Usando `implicit` podemos obtener una curva de nivel de una función $f(x, y)$, pero si queremos una representación gráfica de varias curvas de nivel es mejor usar `contour` dentro de `draw3d`.

```
load(draw);
/*Dibujamos curvas de nivel de f(x,y)=x^2-y^2*/
draw3d(contour=map,contour_levels =15,explicit(x^2-y^2,x,-1,1,y,-1,1));
```

Contour admite como opciones las siguientes.

- map. Dibuja las curvas de nivel en el plano XY.
- base. Dibuja la gráfica de la función en 3 dimensiones y las curvas de nivel en el plano XY.
- both. Dibuja la gráfica de la función en 3 dimensiones, las curvas de nivel en el plano XY y las secciones de la gráfica.
- surface. Dibuja la gráfica de la función en 3 dimensiones y las secciones de la gráfica.

El número de curvas de nivel a dibujar se puede especificar de varias maneras. Si escribirmos contour_levels=15 entonces se dibujarán 15 curvas de nivel, pero también podemos indicar directamente las curvas de nivel que nos interesa. Por ejemplo, contour_levels={1,5,6} dibujará las curvas de nivel dadas por $f(x,y)=1$, $f(x,y)=5$ y $f(x,y)=6$. Tambien podemos pedir que dibuje las curvas de nivel dentro de un intervalo. Así, si ponemos contour_levels=[2,1.5,11] dibujará las curvas de nivel $f(x,y)=2$, $f(x,y)=3.5$, $f(x,y)=5...$ hasta llegar a 11.

Podemos dibujar superficies paramétricas usando parametric_surface dentro de draw3d.

```
load(draw);
/*Dibujamos un cono*/
draw3d(parametric_surface(r*cos(t),r*sin(t),r,r,0,1,t,0,2*%pi));
```

Por otro lado, el comando draw2d admite también polar para dibujar curvas planas dadas en coordenadas polares.

```
load(draw);
/*Dibujamos una rosa de cuatro pétalos*/
draw2d(polar(cos(2*t),t,0,2*%pi));
```

En este último ejemplo podemos comprobar que la curva se dibuja demasiado angulosa. Podemos solucionar esto cambiando algunas opciones. Las principales son:

a) `nticks`. Determinan el número de puntos a dibujar.

b) `color`. El color de la superficie o curva.

c) `grid`. Dibuja una malla.

d) `xlabel,ylabel,zlabel`. Escribe un texto en los ejes.

e) `title`. Establece el título del gráfico.

f) `line_width`. Establece el grosor de línea.

g) `surface_hide`. Hace que las superficies no sean transparentes, consiguiendo una mejor visualización.

h) `enhanced3d`. Dibuja una superficie de forma resaltada.

i) `xrange, yrange, zrange`. Establece el intervalo que se mostrará de cada eje.

j) `axis_3d`. Muestra los ejes en un gráfico en 3 dimensiones.

Podemos comprobar el resultado que obtenemos con lo siguiente.

```
load(draw);
/*Dibujamos al curva anterior con más puntos*/
draw2d(xrange=[-2,2],yrange=[-2,2],grid=true,title="Rosa de 4 pétalos",
    color=green,line_width=4,nticks=100,polar(cos(2*t),t,0,4*%pi));
```

En WxMaxima no hay una forma directa para dibujar sólidos, debido a que no podemos poner funciones dentro del comando `draw`. Pero podemos jugar con las parametrizaciones para conseguir dibujar trozos de superficies.

Ejemplo 9.5.1 *Dibuja el sólido limitado por el cono $x^2 + z^2 = y^2$ y los planos $y = 1, z = 0$.*

```
load(draw);
draw3d(surface\_hide=true,axis\_3d=false,
/*Dibujamos el trozo de cono*/
```

```
parametric_surface(r*cos(t),r,r*sin(t),t,0,\%pi,r,0,1),
/*Dibujamos el trozo de plano y=1 usando coordenadas polares*/
color=green,parametric_surface(r*cos(t),1,r*sin(t),t,0,%pi,r,0,1),
/*Dibujamos el trozo de plano z=0 usando una parametrización adecuada*/
color=red,parametric_surface(x*y,y,0,y,0,1,x,-1,1));
```

Ejemplo 9.5.2 *Dibuja el sólido limitado por el cilindro* $x^2 + y^2 = 1$ *y los planos* $z = 0, z = 2x + 4$.

```
load(draw);
draw3d(surface_hide=true,
/*Dibujamos el trozo de cilindro*/
    parametric_surface(cos(t),sin(t),r*(2*cos(t)+4),t,0,2*%pi,r,0,1),
    /*Dibujamos el trozo de plano z=2x+4*/
    color=red,
    parametric_surface(r*cos(t),r*sin(t),2*r*cos(t)+4,t,0,2*%pi,r,0,1),
    /*Dibujamos el trozo de plano z=0*/
    color=green,
    parametric_surface(r*cos(t),r*sin(t),0,t,0,2*%pi,r,0,1)
);
```

El paquete `drawdf` nos permite dibujar campos de vectores en el plano. Como siempre, debemos cargar el paquete antes de usarlo con el comando `load(drawdf)`. Al cargar el paquete `drawdf` también se cargará automáticamente el paquete `draw`.

```
load(drawdf);
/*Dibujamos el campo de vectores F(x,y)=(y+x^2,-x)*/
/* Con x entre -2 y 2 e y entre -1 y 1*/
drawdf([y+x^2,-x],[x,-2,2],[y,-1,1]);
```

Podemos usar las mismas opciones que tiene `draw2d` dentro de `drawdf` para dibujar curvas junto a un campo de vectores. En el siguiente ejemplo dibujamos un campo y una curva en forma paramétrica.

```
load(drawdf);
/*Dibujamos el campo F(x,y)=(x-y,x+y) y la curva (t*cos(t),1-t^2) */
drawdf([x-y,x+y],[x,-1,1],[y,-1,1],color=red,ine_width=3,
parametric(t*cos(t),1-t^2,t,-1,1));
```

Por último, cabe destacar que tanto `draw2d`, `draw3d` como `drawdf` admiten las variantes `wxdraw2d`, `wxdraw3d` y `wxdrawdf`, que hacen que el gráfico generado se incruste en la propia ventana de `WxMaxima` en lugar de en una ventana nueva.

10. FORMULARIO

Vectores $v, w \in \mathbb{R}^n$.

- Producto escalar.

$$v \cdot w = v_1 w_1 + \ldots + v_n w_n.$$

- Norma.

$$||v|| = \sqrt{v \cdot v} = \sqrt{v_1^2 + \ldots + v_n^2}$$

- Coseno del ángulo θ que forman.

$$\cos\theta = \frac{v \cdot w}{||v|| \cdot ||w||}.$$

- Producto vectorial de vectores en $\mathbb{R}^3$.

$$v \times w = \begin{vmatrix} i & j & k \\ v_1 & v_2 & v_3 \\ w_1 & w_2 & w_3 \end{vmatrix}$$

Función gamma (Γ) y beta (Be).

- Definiciones de Γ y Be.

$$\Gamma(p) = \int_0^\infty x^{p-1}e^{-x}dx$$
$$Be(p,q) = \int_0^1 x^{p-1}(1-x)^{q-1}dx$$

para $p, q > 0$.

- Propiedades de Γ y Be.
  a) $\Gamma(p) = (p-1)\Gamma(p-1)$ para $p > 1$.
  b) $\Gamma(n) = (n-1)!$ para $n \in \mathbb{N}$. ¡Cuidado!, por definición $0! = 1$.
  c) $\Gamma\left(\frac{1}{2}\right) = \sqrt{\pi}$.
  d) $Be(p,q) = 2\int_0^{\frac{\pi}{2}} \cos(t)^{2p-1}\sin(t)^{2q-1}dt$.
  e) $Be(p,q) = \frac{\Gamma(p)\Gamma(q)}{\Gamma(p+q)}$. En particular $Be(p,q) = Be(q,p)$.

Longitud

- Longitud de $\alpha : [a,b] \to \mathbb{R}^n$.

$$\int_a^b ||\alpha'(t)||dt.$$

- Reparametrización por la longitud de arco.

$$L(t) = \int_a^t ||\alpha'(t)||dt$$
$$\gamma(s) = \alpha\left(L^{-1}(s)\right)$$

- Longitud de una curva $r : [\theta_0, \theta_1] \to \mathbb{R}^2$ definida en coordenadas polares.

$$\int_{\theta_0}^{\theta_1} \sqrt{r(\theta)^2 + r'(\theta)^2}d\theta.$$

Diedro de Frenet de $\alpha : I \to \mathbb{R}^2$

- Si está parametrizada por el arco.

$$\begin{cases} T(s) & = \alpha'(s) \\ N(s) & = \frac{\alpha''(s)}{||\alpha''(s)||} \end{cases}$$

- Si no está parametrizada por el arco.

$$\begin{cases} T(s) & = \frac{\alpha'(s)}{||\alpha'(s)||} \\ N(s) & = \pm J(\alpha'(s)) \end{cases}$$

donde $J(x, y) = (-y, x)$.

Triedro de Frenet de $\alpha : I \to \mathbb{R}^3$.

- Si está parametrizada por el arco.

$$\begin{cases} T(s) = \alpha'(s) \\ N(s) = \frac{\alpha''(s)}{||\alpha''(s)||} \\ B(s) = T(s) \times N(s) \end{cases}$$

- Si no está parametrizada por el arco.

$$\begin{cases} T(s) = \frac{\alpha'(s)}{||\alpha'(s)||} \\ N(s) = B(s) \times T(s) \\ B(s) = \frac{\alpha'(s) \times \alpha''(s)}{||\alpha'(s) \times \alpha''(s)||} \end{cases}$$

Curvatura de una curva

- Si $\alpha : I \longrightarrow \mathbb{R}^n$ está parametrizada por el arco.

$$k(s) = ||\alpha'(s)||$$

- Si $\alpha : I \longrightarrow \mathbb{R}^2$ no está parametrizada por el arco.

$$k(s) = \frac{|det(\alpha'(s), \alpha''(s))|}{||\alpha'(s)||^3}$$

- Si $\alpha : I \longrightarrow \mathbb{R}^3$ no está parametrizada por el arco.

$$k(s) = \frac{||\alpha'(s) \times \alpha''(s)||}{||\alpha'(s)||^3}$$

Torsión de $\alpha : I \longrightarrow \mathbb{R}^3$

- Si está parametrizada por el arco.

$$\tau(s) = -B'(s) \cdot N(s)$$

- Si no está parametrizada por el arco.

$$\tau(s) = \frac{det(\alpha'(s), \alpha''(s), \alpha'''(s))}{||\alpha'(s) \times \alpha''(s)||^2}$$

Ecuaciones de Frenet

- Si $\alpha : I \longrightarrow \mathbb{R}^2$ está parametrizada por el arco.

$$\begin{cases} T'(s) & = k(s)N(s) \\ N'(s) & = -k(s)T(s) \end{cases}$$

- Si $\alpha : I \longrightarrow \mathbb{R}^3$ está parametrizada por el arco.

$$\begin{cases} T'(s) & = k(s)N(s) \\ N'(s) & = -k(s)T(s) - \tau(s)B(s) \\ B'(s) & = -\tau(s)N(s) \end{cases}$$

Superficie parametrizada $X(u, v)$

- Campo normal unitario.

$$N(u,v) = \frac{X_u(u,v) \times X_v(u,v)}{||X_u(u,v) \times X_v(u,v)||}.$$

- Primera forma fundamental.

$$\begin{aligned} E(u,v) &= X_u(u,v) \cdot X_u(u,v), \\ F(u,v) &= X_u(u,v) \cdot X_v(u,v), \\ G(u,v) &= X_v(u,v) \cdot X_v(u,v). \end{aligned}$$

- Norma del campo normal.

$$||X_u(u,v) \times X_v(u,v)|| = \sqrt{EG - F^2}.$$

- Plano tangente de una superficie $z = f(x,y)$ en un punto $(x_0, y_0, f(x_0, y_0))$.

$$z - f(x_0,y_0) = \frac{\partial f}{\partial x}(x_0,y_0)(x - x_0) + \frac{\partial f}{\partial y}(x_0,y_0)(y - y_0)$$

Cambios de coordenadas

- Si $D, D^* \subset \mathbb{R}^n$ y $T : D \to D^*$ es un difeomorfismo

$$\int_{D^*} f(x_1, \ldots, x_n) dx_1 \ldots dx_n$$

$$= \int_D f(T(u_1, \ldots, u_n)) \cdot |det\, JT(u_1, \ldots, u_n)| du_1 \ldots du_n$$

- Coodenadas polares.

$$\begin{cases} x = r\cos t \\ y = r\sin t \end{cases} \quad \det J = r$$

donde r es la distancia al origen y t el ángulo formado con el eje X.

- Coordenadas elípticas

$$\begin{cases} x = ar\cos t \\ y = br\sin t \end{cases} \quad \det J = abr$$

- Coordenadas cilíndricas.

$$\begin{cases} x = r\cos t \\ y = r\sin t \\ z = z \end{cases} \quad \det J = r$$

donde r mide la distancia al origen de la proyección sobre el plano XY y t el ángulo de esta proyección con el eje X.

- Coordenadas esféricas

$$\begin{cases} x = r\cos u \cos v \\ y = r\sin u \cos v \\ z = r\sin v \end{cases} \quad \det J = r^2 \cos v$$

donde r mide la distancia al origen, u el ángulo con el eje X de la proyección sobre el plano XY y v el ángulo de elevación sobre el plano XY.

Integral de línea

- Si $D \subset \mathbb{R}^n$, $\alpha : [a,b] \to \mathbb{R}^n$ es una curva y $F : D \to \mathbb{R}^n$ un campo vectorial, entonces la integral de línea es

$$\int_\alpha F d\alpha = \int_a^b F(\alpha(t)) \cdot \alpha'(t) dt.$$

- Si $\Phi : D \subset \mathbb{R}^3 \to \mathbb{R}$ es una función, el gradiente es el campo vectorial $\nabla\Phi$ definido por

$$\nabla\Phi(x,y,z) = \left(\frac{\partial\Phi}{\partial x}, \frac{\partial\Phi}{\partial y}, \frac{\partial\Phi}{\partial z}\right).$$

- Un campo vectorial $F(x,y) = (P(x,y), Q(x,y))$ definido en un dominio convexo es conservativo si

$$\frac{\partial P}{\partial y} = \frac{\partial Q}{\partial x}.$$

- Un campo vectorial $F(x,y,z) = (P(x,y,z), Q(x,y,z), R(x,y,z))$ definido en un dominio convexo es conservativo si

$$\frac{\partial P}{\partial y} = \frac{\partial Q}{\partial x},$$
$$\frac{\partial P}{\partial z} = \frac{\partial R}{\partial x},$$
$$\frac{\partial Q}{\partial z} = \frac{\partial R}{\partial y}.$$

Integral de superficie

- Si $F : D \subset \mathbb{R}^3 \to \mathbb{R}^3$ dado por $F(x,y,z) = (P(x,y,z), Q(x,y,z), R(x,y,z))$ es un campo vectorial, la divergencia es la función dada por

$$\operatorname{div} F = \frac{\partial P}{\partial x} + \frac{\partial Q}{\partial y} + \frac{\partial R}{\partial z}$$

y el rotacional el campo

$$\operatorname{rot} F = \begin{vmatrix} i & j & k \\ \frac{\partial}{\partial x} & \frac{\partial}{\partial y} & \frac{\partial}{\partial z} \\ P & Q & R \end{vmatrix}$$

- Si S es una superficie y $f : S \to \mathbb{R}$ es una función, la integral de superficie de f es

$$\int\int_S f dS = \int\int_D f(X(u,v))||X_u \times X_v||dudv$$

donde $X : D \subset \mathbb{R}^2 \to \mathbb{R}^3$ es una parametrización de S.

- Si S es una superficie y N es un campo normal unitario, el flujo de un campo de vectores F a través de S en la dirección N es

$$\int\int_S F \cdot N dS$$

En particular, si N es el normal unitario dado por una parametrización $X : D \subset \mathbb{R}^2 \to \mathbb{R}^3$ de la superficie, entonces

$$\int\int_S F \cdot N dS = \int\int_D f(X(u,v)) \cdot (X_u \times X_v) dudv.$$

- **Teorema de la Divergencia.** Si $V \subset \mathbb{R}^3$ es una sólido con frontera una superficie S entonces el flujo de un campo de vectores F considerando el normal que apunta hacia el exterior es

$$\int\int_S F \cdot N dS = \int\int\int_V \operatorname{div} F dxdydz.$$

- **Teorema de Stokes.** Si S es una superficie con borde una curva γ entonces

$$\int\int \operatorname{rot} F \cdot N dS = \int_\gamma F d\gamma,$$

donde γ tiene una orientación compatible con el normal unitario N elegido.

Bibliografía

[1] R. A. Adams y C. Essex, Calculus: a complete course. Pearson Addison-Wesley, Toronto, 2010.

[2] J. Alaminos et al., *Prácticas de ordenador con WxMaxima*, https://www.ugr.es/~alaminos/resources/Apuntes/maxima-p.pdf.

[3] P. Alberca Bjerregaard y D. Martín Barquero, Métodos Matemáticos. Integración múltiple. Teoría y ejercicios resueltos. RA-MA Editorial, 2007.

[4] J.L. Galán García, Análisis vectorial para la ingeniería. Teoría y problemas. Madrid, 1998.

[5] M. Gutiérrez, Apuntes de geometría diferencial de curvas y superficies. UMA Editorial, Málaga, 2017.

[6] M. Rodríguez Riotorto, *Primeros pasos en Maxima*, http://maxima.sourceforge.net/docs/tutorial/es/max.pdf.

[7] E. Robertson y J. O'Connor, MacTutor History of Mathematics Archive, ,Universidad de St Andrews, Escocia. https://mathshistory.st-andrews.ac.uk/Curves/

[8] J.E. Marsden y A.J. Tromba, Cálculo vectorial. Addison-Wesley Iberoamericana, Wilmington, 1991.

manuales

CIENCIA Y TECNOLOGÍA

de la Universidad de Málaga